Corporate Responsibility 2015

Jubiläumsausgabe – Bestandsaufnahme und Zukunftsperspektiven für Corporate Responsibility

Bundesminister Dr. Gerd Müller

Grußwort

Quelle: Bundesregierung Kugler

Jede Gesellschaft braucht leistungsfähige Unternehmen. Umgekehrt funktionieren Unternehmen nur in einer stabilen und leistungsfähigen Gesellschaft. Diese Erkenntnis ist nicht neu. Sie ist aber der Grund dafür, dass sich in den vergangenen Jahren immer mehr Firmen strategisch mit dem Thema Corporate Social Responsibility (CSR) befasst haben.

Deshalb wächst bei Unternehmen auch das Bewusstsein, dass unternehmerischer Erfolg und nachhaltige Entwicklung zusammenhängen.

Unternehmen, die sich für eine nachhaltige Entwicklung weltweit engagieren, sind Partner der Entwicklungszusammenarbeit. Denn sie leisten im Rahmen ihrer unternehmerischen Verantwortung einen bedeutenden Beitrag, um globalen Herausforderungen zu begegnen: der Armut und dem Wachstum der Weltbevölkerung, der Migration und dem Klimawandel, staatlicher Fragilität und instabilen Märkten. Ihren Beitrag leisten Unternehmen zum Beispiel, indem sie sich selbst verpflichten, soziale und ökologische Aspekte des Wirtschaftens zu beachten – und das nicht nur im eigenen Unternehmen, sondern auch entlang globaler Wertschöpfungsketten.

Nachhaltige Entwicklung braucht also die Unterstützung verantwortungsbewusst handelnder Unternehmen. Deshalb ist es wichtig, dass auch Vertreter der Wirtschaft an der Zukunftscharta „EINEWELT – Unsere Verantwortung" mitarbeiten. Gemeinsam mit Vertretern aus Wissenschaft, Stiftungen, Kirchen und vielen zivilgesellschaftlichen Akteuren haben sie im vergangenen Jahr die Zukunftscharta entworfen. Und gemeinsam haben wir die Charta auch an Bundeskanzlerin Angela Merkel überreicht.

Wir setzen uns mit der Zukunftscharta für ein Zusammenwirken von Politik und Unternehmen ein. Es ist möglich, wirtschaftliches Wachstum mit Nachhaltigkeit, der Achtung der Menschenrechte und menschenwürdigen Arbeits- und Lebensbedingungen zu verbinden. Diese Ziele der Zukunftscharta zu verwirklichen, darum muss es gehen. Und dafür brauchen wir auch künftig das Engagement der Wirtschaft und von verantwortungsbewussten Unternehmen.

Viele gute Beispiele verantwortlich handelnder Unternehmen werden in dem vorliegenden Jahrbuch „Corporate Responsibility" vorgestellt. Mein Plädoyer: Wir brauchen noch mehr davon!

Ich wünsche allen Leserinnen und Lesern eine aufschlussreiche und anregende Lektüre.

Dr. Gerd Müller
Bundesminister für wirtschaftliche Zusammenarbeit und Entwicklung

Impressum

Mai 2015

Herausgeber:
© ACC Verlag & Services GmbH, Börsenplatz 7–11, 60313 Frankfurt am Main
Geschäftsführer: Andreas Povel
FRANKFURT BUSINESS MEDIA GmbH – Der F.A.Z.-Fachverlag,
Frankenallee 68–72, 60327 Frankfurt am Main
Geschäftsführer: Dr. André Hülsbömer, Jürgen Kiehl

Redaktion und Projektmanagement: Kai Praum (FRANKFURT BUSINESS MEDIA), Nastassja Wohnhas (AmCham Germany)
Gestaltung & Satz: Angela Kottke
Korrektorat: Juliane Streicher
Titelillustration: Rodolfo Fischer Lückert
Umweltfreundlicher Druck mit FSC-zertifiziertem Papier und CO_2-Kompensation durch Henrich Druck + Medien GmbH, Schwanheimer Straße 110, 60528 Frankfurt am Main

klimaneutral
natureOffice.com | DE-654-234298
gedruckt

FSC
www.fsc.org
MIX
Papier aus verantwortungsvollen Quellen
FSC® C016059

ISBN: 978-3-945999-02-8

Vorwort

Wir, die Amerikanische Handelskammer in Deutschland und FRANKFURT BUSINESS MEDIA – Der F.A.Z.-Fachverlag, freuen uns, Ihnen in diesem Jahr die nun bereits in der zehnten Auflage erscheinende Publikation „Corporate Responsibility" präsentieren zu dürfen. Durch ihre Praxisnähe und ihr langjähriges Bestehen genießt sie im Feld der CR-Publikationen ein Alleinstellungsmerkmal.

Seit der ersten Veröffentlichung im Jahr 2005 hat sich einiges getan im Bereich der unternehmerischen Verantwortung. Viele der AmCham-Germany-Mitgliedsunternehmen sind Vorreiter und statuieren mit ihren CR-Aktivitäten Best-Practice-Beispiele, die zur Nachahmung einladen. In der Jubiläumsausgabe 2015 lassen wir die Entwicklungen und Erfolge von Corporate Responsibility der vergangenen zehn Jahre Revue passieren und wagen einen Blick in die Zukunft.

Dabei werden die Best-Practice-Beispiele der Unternehmen durch Fachbeiträge ergänzt. Unsere Experten beleuchten in der diesjährigen Ausgabe unter anderem den Wandel des verantwortungsvollen unternehmerischen Handelns im transatlantischen Verständnis, geben Einblicke in die Anforderungen an einen CR-Manager und weisen auf die Herausforderungen der CR-Kommunikation im Zeitalter der digitalen Transformation hin. Zudem können Sie den Ergebnissen der aktuellen CR-Trendbefragung entnehmen, dass sich CR zu einem integrierten und strategischen Bestandteil der Unternehmensführung entwickelt hat.

Das Jahr 2015 führt uns in besonderem Maße vor Augen, welche Chancen, aber auch welche Herausforderungen unternehmerische Verantwortung und unternehmerisches Engagement mit sich bringen. Sowohl bei der deutschen G7-Präsidentschaft als auch bei den im Herbst zu verabschiedenden „Sustainable Development Goals" als auch bei der UN-Klimakonferenz Ende des Jahres steht nachhaltiges und damit verantwortungsvolles Wirtschaften im Fokus als zentraler Lösungsansatz für globale nachhaltige Entwicklung.

Gemeinsam mit Ihnen möchten wir uns auch künftig in die Debatte zu unternehmerischer Verantwortung und nachhaltigem Wirtschaften einbringen und ein engagierter Partner auf dem Weg in eine nachhaltige Zukunft sein.

Wir freuen uns auf den weiteren Dialog mit Ihnen und wünschen eine interessante und anregende Lektüre.

Mit freundlichen Grüßen

Andreas Povel
Geschäftsführer, AmCham Germany

Dr. André Hülsbömer
Geschäftsführer, F.A.Z.-Fachverlag

Über die Herausgeber

AmCham GERMANY

American Chamber of Commerce in Germany e.V.

Die Amerikanische Handelskammer in Deutschland (AmCham Germany) ist die größte bilaterale Wirtschaftsvereinigung in Europa. Sie fördert die globalen Handelsbeziehungen, die auf dem starken Fundament der amerikanisch-deutschen Partnerschaft stehen. Dabei unterstützt und fördert sie aktiv die Interessen ihrer Mitglieder durch ein Netzwerk in Wirtschaft, Politik und den AmChams weltweit. AmCham Germany ermöglicht interkulturelles Verständnis, Zusammenarbeit und neue Investitionen durch die Grundsätze eines transparenten Dialogs, freien Handels und eines wettbewerbsfähigen und offenen Wirtschaftsklimas.

In diesem Jahr ist AmCham Germany der Charta der Vielfalt beigetreten. Dieser Schritt unterstreicht, dass AmCham Germany dem Thema Diversity eine große Bedeutung beimisst und davon überzeugt ist, dass eine vielfältige und integrative Unternehmenskultur eine wichtige Voraussetzung für nachhaltigen wirtschaftlichen Erfolg ist.

Mit der Thematik „Unternehmerische Verantwortung und Nachhaltigkeit" beschäftigt sich das AmCham Germany Corporate Responsibility Committee. Das CR Committee diskutiert CR-Trends und Entwicklungen auf Bundes-, EU- und internationaler Ebene und tauscht Best Practices zum Thema Nachhaltigkeit und CSR aus. Vorsitzender des Komitees ist Uwe Kleinert, Leiter Unternehmensverantwortung und Nachhaltigkeit der Coca-Cola GmbH. Aktuell beschäftigt sich das Komitee insbesondere mit den Themen Business and Human Rights, Nachhaltigkeit in der Lieferkette, Diversity, Corporate Volunteering, bestehende internationale CSR-Leitsätze und Berichterstattung sowie mit der deutschen und europäischen CSR-Strategie. Diskussionen mit Vertretern aus Politik und Gesellschaft über aktuelle Herausforderungen und Lösungsansätze zum Thema Corporate Responsibility bereichern die Komitee-Arbeit. Mit Hilfe von Positionspapieren und Pressemitteilungen werden die Standpunkte des Komitees der Öffentlichkeit und Entscheidungsträgern in Deutschland, der EU und den USA zugänglich gemacht.

Die Mitarbeit im Komitee steht allen Mitgliedsunternehmen von AmCham Germany offen. Interessierte Unternehmen können sich gern mit AmCham Germany in Verbindung setzen.

American Chamber of Commerce in Germany e.V.
Nastassja Wohnhas
Manager, Government Relations
Charlottenstraße 42
10117 Berlin
T +49 (0) 30 / 28 87 89 28
F +49 (0) 30 / 28 87 89 29
E nwohnhas@amcham.de
W www.amcham.de

FRANKFURT BUSINESS MEDIA GmbH – Der F.A.Z.-Fachverlag

Die FRANKFURT BUSINESS MEDIA GmbH ist der F.A.Z.-Fachverlag für Wirtschaft und Finanzen. In den vergangenen Jahren haben wir uns mit innovativen gedruckten und digitalen Publikationen und Fachveranstaltungen mit zehn bis 2.000 Teilnehmern zu einem führenden Anbieter von B2B-Informationsmedien entwickelt. Grundlagen hierfür sind ein hochkarätiges Netzwerk, langjährige Projekterfahrung und höchste Qualitätsansprüche.

In den wichtigsten B2B-Zielgruppen wie mittelständischen Unternehmern, Finanzentscheidern, Personalverantwortlichen, Entscheidern in Kommunikation und Marketing will FBM dem Fachverlagsclaim gerecht werden: Entscheider erreichen!

Für diese Entscheider gewinnt der Aspekt der unternehmerischen Verantwortung immer mehr an Bedeutung. Globale Entwicklungen wie Klimawandel, Energieversorgung, Bevölkerungsentwicklung, Megacitys oder Mobilität beschäftigen alle Vorstände, die ihre Unternehmen fit für die Zukunft machen wollen. Vor dem Hintergrund dieser dynamischen Entwicklungen startete der F.A.Z.-Fachverlag gemeinsam mit der AmCham Germany und ausgewählten strategischen Partnern die Initiative „Verantwortung Zukunft". Im Mittelpunkt der Initiative steht die Frage, wie Unternehmen mit den Herausforderungen globaler Megatrends umgehen und ihrer gesellschaftlichen, ökologischen und ökonomischen Verantwortung gleichermaßen gerecht werden können.

Die Initiative verfolgt einen globalen Ansatz und betrachtet unternehmerische Entscheidungen im Kontext nationaler und internationaler Zukunftstrends. Sie identifiziert beispielhafte Projekte verantwortungsvollen unternehmerischen Handelns und schafft dafür dialogorientierte Plattformen wie Veranstaltungen, Foren und Publikationen. Damit richtet sie sich an Entscheider aus Unternehmen, Organisationen, Politik, Medien und Gesellschaft, initiiert den Austausch zwischen den Akteuren auf Augenhöhe und setzt damit aktiv zukunftsgerichtete Impulse.

„Verantwortung Zukunft" versteht sich als Enabler, das heißt, die engagierten Partner wollen zum einen andere Unternehmen anregen und in die Lage versetzen, ihre Verantwortung für Gesellschaft und Umwelt im Einklang mit ihrem unternehmerischen Streben nach Erfolg wahrzunehmen, und verstehen sich zum anderen auch selbst als lernende Organisationen, die offen für Impulse sind.

FRANKFURT BUSINESS MEDIA GmbH
Der F.A.Z.-Fachverlag
Kai Praum
Redakteur
Frankenallee 68–72
60327 Frankfurt am Main
T +49 (0) 69 / 75 91 12 52
F +49 (0) 69 / 75 91 80 12 52
E kai.praum@frankfurt-bm.com
W www.frankfurt-bm.com
www.verantwortungzukunft.com

Inhaltsverzeichnis

CORPORATE RESPONSIBILITY – TRENDBEFRAGUNG

CORPORATE RESPONSIBILITY – UNTERNEHMEN UND VERANTWORTUNG IN DER PRAXIS

CORPORATE RESPONSIBILITY – BERATUNG UND UNTERSTÜTZUNG FÜR DIE PRAXIS

CORPORATE RESPONSIBILITY

EXPERTEN GEBEN RAT

Von der Philanthropie zur unternehmerischen Verantwortung

Unternehmerische Verantwortung hat eine lange Tradition. In den USA tritt der Begriff Corporate Social Responsibility (CSR) bereits in den 1960er Jahren in Erscheinung. Zunächst standen dabei häufig philanthropische Aktivitäten, die über den Unternehmenszweck hinausgehen, im Vordergrund. Die CSR-Debatte erreichte im Zuge der Globalisierung Europa und wurde nach dem Erdgipfel von Rio 1992 mehr und mehr um Nachhaltigkeitsdimensionen erweitert. Seit der Finanz- und Wirtschaftskrise 2008 rückt die Wertschöpfung zum Wohle des Unternehmens und der Gesellschaft auch verstärkt wieder in den Blick von US-Ökonomen. **Yoriko Rach-Bachmann** und **Dr. Jochen Weikert** beleuchten diesen Wandel der unternehmerischen Verantwortung im transatlantischen Kontext.

Der aufmerksame Beobachter der Debatte um unternehmerische Verantwortung dies- und jenseits des Atlantiks notiert eine Zeitenwende: Nach drei Jahrzehnten liberal geprägter ökonomischer Globalisierung findet derzeit eine Rückbesinnung auf solche Werte unternehmerischen Handelns statt, die sich nicht allein auf die Maximierung des Shareholdervalue berufen. Nach dem Zusammenbruch des US-amerikanischen Bankhauses Lehman Brothers, mit dem 2008 die große Finanz- und Wirtschaftskrise begann, beschäftigen sich die liberalen Denker US-amerikanischer Businessschools zunehmend mit dem, was den Kern unternehmerischen Handelns ausmacht: Wertschöpfung zum Wohle sowohl des Unternehmens und seiner Eigentümer als auch für den Rest der Gesellschaft, in die das Unternehmen eingebettet ist.

Von CSR zu Shared Value

Dass dieses Verständnis unternehmerischen Handelns wieder auf dem Vormarsch ist, zeigt das von den US-Ökonomen Michael E. Porter und Mark R. Kramer 2011 in der „Harvard Business Review" veröffentlichte Konzept „Creating Shared Value"[1]. Der Grundgedanke liegt in der Annahme, dass die Wettbewerbsfähigkeit eines Unternehmens und der Wohlstand einer Gesellschaft, in der ein Unternehmen operiert, sich gegenseitig beeinflussen und voneinander abhängen. Unternehmer nutzen ihre Innovationskraft, um gemeinsame Werte zu schaffen, also Produkte und Dienstleistungen, die nicht nur einen finanziellen, sondern auch einen sozialen und ökologischen Nutzen für die Gesellschaft stiften. „Wer den Zusammenhang von gesellschaftlichem und wirtschaftlichem Fortschritt erkennt und nutz-

Die CSR-Debatte aus den liberalen USA erreichte im Zuge der Globalisierung auch Europa.

Foto: PromesaArtStudio/iStock/Thinkstock

bar macht, entfesselt eine Kraft, die globales Wachstum fördern und zu einer Neuinterpretation des Begriffs ‚Kapitalismus' führen kann."[2]

CSR dies- und jenseits des Atlantiks

Der CSR-Begriff tritt erstmals in den 1960er Jahren in den USA in Erscheinung[3]. Aber die angloamerikanische CSR-Diskussion entstand sozusagen als Ergänzung der liberalen Auffassung, dass unternehmerisches Handeln allein dem Gewinnstreben und den Interessen der Anteilseigner verpflichtet sein sollte, wie ein Zitat von Milton Friedman belegt: „In a free society, there is one and only one social responsibility of business – to use its resources and engage in activities designed to increase its profits so long as it stays within the rules of the game."[4] Andere Ökonomen wie Edward Freeman hingegen legen demgegenüber nahe, dass es weit mehr gesellschaftliche Bezugsgruppen von Unternehmen gibt, denen gegenüber ein Unternehmen in der Pflicht steht. Er lieferte das Schlüsselwort, dass bis heute im Kern der CSR-Diskussion steht: „Stakeholders are those groups who have a stake in or a claim on the firm. Specifically I include suppliers, customers, employees, stockholders, and the local community, as well as the management."[5]

Inwiefern Unternehmen den berechtigten Ansprüchen ihrer Stakeholdergruppen gerecht werden, wird historisch gesehen auf beiden Seiten des Atlantiks diskutiert. In den stark verflochtenen und typischerweise hochkoordinierten Marktwirtschaften Kontinentaleuropas fand der Ausgleich der Interessen unter den Anspruchsgruppen hinter verschlossenen Türen statt – da Kapitalgeber, Gewerkschaften und Politik häufig in den Aufsichtsräten der Unternehmen vertreten waren. In den liberalen Marktwirtschaften angelsächsischer

Seit dem Erdgipfel von Rio 1992 verschmelzen die CSR-Debatte und die Nachhaltigkeitsdiskussion zunehmend und werden zu einem globalen Konzept.

Foto: Robert Churchill/iStock/Thinkstock

Prägung ist diese hohe Verflechtung eher untypisch, so dass dort bereits 30 Jahre früher die öffentlich geführte CSR-Debatte begann[6]. Hier spiegelt sich soziale Verantwortung von Unternehmen häufig in über den Unternehmenszweck hinausgehenden philanthropischen Aktivitäten wieder. In der philanthropischen Tradition von CSR geht es darum, wofür die erwirtschafteten Gewinne ausgegeben werden – und weniger darum, wie sie erwirtschaftet werden.

Erst in den 1990er Jahren – im Rahmen der Globalisierungstendenzen in der deutschen Wirtschaft – wurde CSR hierzulande ein Begriff. Die hiesige CSR-Debatte verschmolz alsbald mit den globalen Nachhaltigkeitsdiskussionen nach dem Erdgipfel von Rio 1992 und bezog nach und nach immer mehr die verschiedenen Nachhaltigkeitsdimensionen unternehmerischen Handelns mit ein.

Transatlantische oder gar globale Konvergenz der Konzepte?

Es ist auch nicht verwunderlich, dass Porter und Kramer 2012 in einem weiteren Artikel feststellen, dass das Konzept des Shared Value sehr wohl einige Gemeinsamkeiten mit dem Grundgedanken des deutschen Modells der sozialen Marktwirtschaft hat[7]. Diesseits des Atlantiks ist die Erkenntnis, dass wirtschaftlicher und gesellschaftlicher Erfolg ineinandergreifen müssen, zwar nicht neu – aber wenn man den Managementexperten Porter und Kramer folgt, ist sie aktueller als je zuvor. Das Konzept der „gemeinsamen Werte" bietet sich nun (der liberalen Wirtschaftstheorie entstammend, aber die kontinentaleuropäischen Traditionen aufgreifend) als neuer Sammelbegriff für die globale Diskussion zu unternehmerischer Verantwortung an. Denn auch andere, immer wichtiger werdende

globale Player diskutieren CSR, so z.B. die aufstrebenden Schwellenländer China, Indien, Brasilien und Südafrika.

Auch diese sind – natürlich unter eigenen kulturellen Vorzeichen – der Meinung, dass die gesellschaftliche Aufgabe der Unternehmen sich nicht darin erschöpft, den finanziellen Nutzen für die Eigner zu optimieren. Nicht zuletzt geht es in einer globalen Konkurrenz darum, einen Mehrwert für den Kunden zu schaffen. Wertschöpfung für den Kunden beinhaltet, Menschen und deren sich wandelnde Bedarfe zu erkennen und entsprechende Produkte und Dienstleistungen anzubieten und neue Märkte, auch diejenigen am Fuße der ökonomischen Pyramide[8], zu erschließen. Die Kundenorientierung ist allerdings nur ein Aspekt, um gemeinsame Werte für Unternehmen und die Gesellschaft zu kreieren. Ein weiterer Aspekt umfasst die Neubewertung der gesamten Wertschöpfungskette hinsichtlich der Qualität und der Quantität, der Kosten und der Zuverlässigkeit der Produktionsmittel und -prozesse. Investitionen in sozial und ökologisch verträgliche Wertschöpfungsprozesse können Produktivitätsgewinne generieren und damit die Wettbewerbsposition verbessern. Einen positiven gesellschaftlichen Mehrwert zu schaffen im Sinne der Nachhaltigkeit und eines langfristigen Wettbewerbsvorteils für das Unternehmen, das ist das erklärte Ziel nach Porter und Kramer[9]. ■

Yoriko Rach-Bachmann ist Managerin der Geschäftseinheit Zusammenarbeit mit der Wirtschaft im Bereich Produktentwicklung bei der Deutschen Gesellschaft für Internationale Zusammenarbeit (GIZ) GmbH.

Dr. Jochen Weikert ist Programmleiter in Bangladesch für die Förderung von Sozial- und Umweltstandards in der Industrie bei der Deutschen Gesellschaft für Internationale Zusammenarbeit (GIZ) GmbH.

1 Porter, Michael E./Kramer, Mark R. (2011): Creating Shared Value. How to reinvent capitalism – and unleash a wave of innovation and growth. In: Harvard Business Review, 89 (1/2), S. 62–77.

2 Porter, Michael E./Kramer, Mark R. (2012): Shared Value: Die Brücke von Corporate Social Responsibility zu Corporate Strategy. In: Schneider, Andreas/Schmidpeter, René (Hrsg): Corporate Social Responsbility – Verantwortungsvolle Unternehmensführung in Theorie und Praxis. Springer-Verlag, Berlin, Heidelberg, S. 137–153.

3 Walton, Clarence C. (1967): Corporate social responsibilities. Wadsworth Pub. Co., Belmont, California.

4 Friedman, M. (2000): The Social Responsibility of Business is to Increase its Profits. In: Dienhart, J. W. (ed.): Business, Institutions, and Ethics. A Text with Cases and Readings. Oxford University Press, Oxford, S. 233–237.

5 Freeman, R. E. (2000): A Stakeholder Theory of the Modern Corporation. In: Dienhart, J. W. (ed.): Business, Institutions, and Ethics. A Text with Cases and Readings. Oxford University Press, Oxford, S. 246–255.

6 Walton (1967).

7 Porter/Kramer (2012).

8 Hart, S. L./Prahalad, C. K. (2002): The fortune at the bottom of the pyramid. In: Strategy + Business 26, S. 54–67.

9 Porter/Kramer (2011).

Die „Sustainable Development Goals" als Wegweiser für die Zukunft?

Für die nachhaltige Entwicklung ist 2015 ein wichtiges Jahr. **Iris Gasch** und **Dr. Jürgen Janssen** erläutern die Hintergründe der Post-2015-Agenda und geben Einblicke in die Rolle und Möglichkeiten von Unternehmen bei der Umsetzung der „Sustainable Development Goals" (SDGs).

Hintergrund: Post-2015-Agenda für eine nachhaltige Entwicklung

Im Rahmen der Vereinten Nationen (VN) laufen seit Herbst 2014 die Verhandlungen über eine neue globale Entwicklungsagenda auf Hochtouren. Die Welt ist auf der Suche nach einem Zielsystem, das an die bis 2015 geltenden Millenniums-Entwicklungsziele (Millenium Development Goals, MDGs) anknüpft und im Sinne der Ergebnisse der Rio+20-Konferenz erweitert wird. Wie sich bereits abzeichnet, wird die globale Entwicklungsagenda im Gegensatz zu den MDGs nicht nur für Entwicklungs-, sondern für alle Länder Geltung haben. Die zukünftigen Ziele für nachhaltige Entwicklung (Sustainable Development Goals, SDGs) werden also auch für Industrie- und Schwellenländer gelten. Die Grundlage für die laufenden Verhandlungen bildet der im Sommer 2014 vom VN-Generalsekretär vorgelegte Katalog, der 17 Zielvorschläge umfasst. Die SDGs sollen dann während der VN-Generalversammlung im Herbst 2015 verabschiedet werden.

Wichtiges Element der SDGs soll ein neues Verständnis der globalen Zusammenarbeit sein, wonach alle Akteure gemeinsam die Verantwortung für die globalen Herausforderungen sowie für deren Bewältigung übernehmen. Das Konzept einer globalen Partnerschaft wurde bereits bei den MDGs als Ziel 8 eingeführt („Develop a global partnership for development"). Diese soll nun im Rahmen der SDGs „revitalisiert" und konzeptionell stärker untermauert werden[1]. Dabei stehen zwei Aspekte im Mittelpunkt:

- **Bewusstseinsbildung für gemeinsame Verantwortung:** Die globale Partnerschaft (Singular) als Verantwortungs- und „Schicksalsgemeinschaft" aller Akteure und aller Menschen hat übergeordneten, appellativen Charakter und soll das Bewusstsein für die gemeinsame Verantwortung für Gegenwart und Zukunft fördern.
- **Verantwortungsübernahme für die gemeinsame Umsetzung:** Darüber hinaus sollen die einzelnen SDGs (SDG 1–16) mit Hilfe konkreter Partnerschaften[2] (Plural) zwischen den für die jeweilige Herausforderung relevanten Akteuren umgesetzt werden.

Rolle von Unternehmen

Da die SDGs alle wesentlichen globalen Herausforderungen adressieren und zugleich für alle Länder gelten sollen, werden sie unmittelbar auch für Unternehmen Relevanz erlangen. Dabei sind Unternehmen sowohl Betroffene als auch Akteure: Der als Verhandlungsgrundlage vorliegende Zielkatalog sieht explizit eine aktive Rolle von Unternehmen und der Wirtschaft als

Im Herbst 2015 sollen die SDGs während der Generalversammlung der Vereinten Nationen verabschiedet werden.

Foto: Purestock/Thinkstock

Partner bei der Umsetzung der Ziele vor. Die aktive Beteiligung von Unternehmen bei der Lösung entwicklungspolitischer Herausforderungen ist zwar nicht neu: Viele Unternehmen tragen bereits heute allein oder in Partnerschaften durch Technologietransfer, Handel, Schaffung von Beschäftigung, Ausbildung und Direktinvestitionen zu Wachstum und Entwicklung, zur Armutsbekämpfung, zur Versorgung mit Gütern und Dienstleistungen und zur nachhaltigen Nutzung natürlicher Ressourcen weltweit bei. Dieser Beitrag soll nun jedoch weiter gestärkt werden, etwa indem Expertise, Kapazitäten, Innovationskraft und Engagement von Unternehmen bereits frühzeitig in die Planung von Strategien und Aktivitäten für die Umsetzung der SDGs eingebracht werden.

Da insbesondere transnational agierende Unternehmen einen großen Einfluss auf eine nachhaltige, menschenrechtsbasierte Entwicklung haben können, kommt diesen im Rahmen der bereits erwähnten „neuen globalen Partnerschaft" eine besondere Rolle zu: Globale bzw. überregionale Partnerschaften unter Einbeziehung grenzüberschreitend tätiger Unternehmen sollen die Umsetzung der SDGs auf nationaler Ebene mit komplementären Maßnahmen unterstützen und so dazu beitragen, das „implementation and participation gap" einer nachhaltigen Entwicklung zu schließen[3].

Unternehmensverantwortung und SDGs

Wenn – wie in den SDGs vorgesehen – Unternehmen in Zukunft stärker in die Umsetzung globaler Nachhaltigkeits- und Entwicklungsziele eingebunden werden sollen, stellt sich die Frage nach der Unternehmensverantwortung, der Corporate (Social) Responsibility (C[S]R). CR wird von verschiedenen Akteuren unterschiedlich definiert, wobei sich in der Fachöffentlichkeit – zumindest in Europa – eine an der CSR-Definition der EU orientierte Auffassung durchzusetzen scheint. Sie rückt die Verantwortung von Unternehmen für ihre Auswirkungen auf Umwelt und Gesellschaft in den Mittelpunkt des CR-Verständnisses[4].

Insgesamt haben Wissen und Bewusstsein in Unternehmen für die Zusammenhänge zwischen wirtschaftlichem Erfolg und einer nachhaltigen Entwicklung in den vergangenen Jahren zugenommen. Dies hat dazu geführt, dass Firmen weltweit verstärkt Nachhaltigkeitsaspekte in ihre Strategien integrieren[5]. Dabei steht meist noch die Minimierung oder Vermeidung negativer Auswirkungen der unternehmerischen Tätigkeit auf Gesellschaft und Umwelt im Fokus („do no harm"). Dieser auf den zehn Prinzipien des UN Global Compact basierende Ansatz wird auch in Zukunft die Grundlage verantwortungsvoller Unternehmensführung sein. Wenn Unternehmen aber aktiv zu einer nachhaltigen Entwicklung beitragen sollen, ist ein weiter gefasstes Verständnis unternehmerischer Verantwortung bzw. unternehmerischer Nachhaltigkeit notwendig, das sich stärker an langfristigen Zielen einer nachhaltigen Entwicklung orientiert. Dabei geht es, vereinfacht ausgedrückt, nicht nur darum, weniger negativ auf Gesellschaft und Umwelt zu wirken, sondern die positiven Effekte wirtschaftlicher Geschäftstätigkeit zu fördern und hervorzuheben. Im Fokus wird zukünftig die Fähigkeit von Unternehmen stehen, langfristig Wert zu schaffen – und zwar in ökonomischer, ökologischer, sozialer und ethischer Hinsicht[6].

Um eine derartige, auf langfristigen Nutzen ausgerichtete Wertschöpfung zu ermöglichen, werden sich Unternehmen in ihrer strategischen Ausrichtung verstärkt mit den globalen Entwicklungen und Trends, wie sie in der Zukunftsforschung mittlerweile hinreichend beschrieben sind, auseinandersetzen müssen.

Vorschläge der Open Working Group for Sustainable Development Goals

1. Armut in allen ihren Formen und überall beseitigen
2. Hunger beseitigen, Ernährungssicherheit und verbesserte Ernährung erreichen, eine nachhaltige Landwirtschaft fördern
3. ein gesundes Leben sicherstellen und das Wohlergehen aller Menschen in allen Altersgruppen fördern
4. eine inklusive und gleichberechtigte hochwertige Bildung garantieren und Möglichkeiten lebenslangen Lernens für alle fördern
5. Geschlechtergleichstellung erreichen und das Potential aller Frauen und Mädchen fördern
6. Verfügbarkeit und nachhaltige Bewirtschaftung von Wasser und Sanitäreinrichtung für alle sicherstellen
7. den Zugang zu erschwinglicher, verlässlicher, nachhaltiger und zeitgemäßer Energie für alle sicherstellen
8. anhaltendes, breitenwirksames und nachhaltiges Wirtschaftswachstum, produktive Vollbeschäftigung und menschenwürdige Arbeit für alle fördern
9. eine widerstandsfähige Infrastruktur schaffen, eine breitenwirksame und nachhaltige Industrialisierung und Innovation fördern
10. Ungleichheit in und zwischen Ländern verringern
11. Städte und menschliche Siedlungen inklusiv, sicher, widerstandsfähig und nachhaltig gestalten
12. nachhaltige Konsum- und Produktionsmuster sicherstellen
13. unverzügliche Maßnahmen gegen den Klimawandel und seine Folgen ergreifen
14. Ozeane, Meere und marine Ressourcen im Sinne nachhaltiger Entwicklung erhalten und nachhaltig nutzen
15. weltweite Ökosysteme bewahren und wiederherstellen und ihre nachhaltige Nutzung fördern, Wälder nachhaltig bewirtschaften, die Wüstenbildung bekämpfen, die Landdegradation und den Verlust der Artenvielfalt beenden und umkehren
16. friedliche und inklusive Gesellschaften für eine nachhaltige Entwicklung fördern, Zugang zum Recht für alle schaffen sowie leistungsfähige, verantwortliche und inklusive Institutionen auf allen Ebenen aufbauen
17. die Mittel zur Umsetzung stärken und die globale Partnerschaft für nachhaltige Entwicklung mit neuem Leben füllen

Quelle: OWG 2014

Es besteht die berechtigte Erwartung, dass die SDGs zukünftig den Orientierungsrahmen bilden, an dem Unternehmen ihre Ziele und Strategien für langfristige Wertschaffung und Wertschöpfung ausrichten. Dabei werden aber nur diejenigen Firmen von den globalen Veränderungen profitieren können, die diese nicht nur als Problem oder Kostenfaktor ansehen, sondern als eine Gelegenheit wahrnehmen, in zukunftsträchtige Lösungen zum eigenen und zum Nutzen der Gesellschaft zu investieren[7].

Multi-Stakeholder-Partnerschaften und Initiativen

Damit Unternehmen die SDGs tatsächlich als Richtschnur nutzen und zugleich zu deren Umsetzung beitragen können, ist eine umfassende Übersetzung in handlungsleitende Anreize, Vorgaben und Gesetze sowie eine intensive und zielgruppenorientierte Kommunikation erforderlich. Multi-Stakeholder-Partnerschaften und Initiativen, wie z.B. die nationalen Netzwerke des UN Global Compact, Brancheninitiativen, themenbezogene Partnerschaften sowie Mittlerorganisationen können dabei wertvolle Beiträge leisten.

Obwohl die globalen Trends und Umwälzungen häufig immer noch mit dem Begriff „zukünftig" beschrieben werden, sind die Veränderungsprozesse, etwa induziert durch Bevölkerungswachstum, demographischen Wandel, Digitalisierung, technische Innovationen, Urbanisierung und Klimawandel, bereits in vollem Gang. Insofern beschreiben die SDGs den künftigen Ordnungsrahmen für bereits laufende Entwicklungen und Trends mit dem Ziel, innerhalb der planetarischen Grenzen deren negative Auswirkungen zu begrenzen und die potentiell positiven zu befördern.

Wenn verantwortungsvoll handelnde Unternehmen also nicht nur dem „Do no harm"-Ansatz folgen, sondern durch ihre Geschäftstätigkeit nachweislich positive gesellschaftliche Beiträge leisten wollen und diese zugleich als Grundlage für ihre Zukunftsfähigkeit verstehen, besteht eine große Kompatibilität zwischen dem CR-Konzept und den SDGs. Diese Unternehmen sind somit ideale Übersetzungs- und Umsetzungspartner für die SDGs auf nationaler, regionaler und globaler Ebene. ■

Iris Gasch ist Managerin der Geschäftseinheit Zusammenarbeit mit der Wirtschaft im Bereich Produktentwicklung bei der Deutschen Gesellschaft für Internationale Zusammenarbeit (GIZ) GmbH.

Dr. Jürgen Janssen ist Leiter der Geschäftsstelle des Deutschen Global Compact Netzwerks. Die Geschäftsstelle des Deutschen Global Compact Netzwerks wird seit 2001 im Auftrag des Bundesministeriums für wirtschaftliche Zusammenarbeit und Entwicklung (BMZ) und in enger Abstimmung mit dem Auswärtigen Amt (AA) von der Deutschen Gesellschaft für Internationale Zusammenarbeit (GIZ) GmbH getragen.

1 Open Working Group (OWG) for Sustainable Development (2014): Proposal of the Open Working Group for Sustainable Development Goals, SDG 17.

2 ebd.; die „globale Partnerschaft" soll unter anderem durch Multi-Stakeholder-Partnerschaften zwischen staatlichen, privatwirtschaftlichen und zivilgesellschaftlichen Akteuren konkretisiert werden.

3 IVM Institute for Environmental Studies (2014): Transnational multi-stakeholder partnerships for sustainable development – building blocks for success. S. 7.

4 Die Diskussion um die Begrifflichkeiten – CR, CS, CSR – wird hier nicht aufgegriffen. Die Autoren folgen der Auffassung, dass unternehmerische Verantwortung sich in den Unternehmenszielen und -strategien und folglich in der Gestaltung des Kerngeschäfts niederschlagen muss.

5 Bundesministerium für wirtschaftliche Zusammenarbeit und Entwicklung (Hrsg.; 2013): Veranstaltungsbericht – Die globale Entwicklungsagenda nach 2015. Herausforderungen und Gestaltungsmöglichkeiten für deutsche Unternehmen. S. 6.

6 United Nations Global Compact (2013): Building the Post-2015 Business Engagement Architecture.

7 World Business Council for Sustainable Development (2010): Vision 2050.

Kompetenzen impliziter Nachhaltigkeitsmanager stärken

Mit der Bedeutungszunahme von Nachhaltigkeitsthemen für die Wettbewerbsfähigkeit hat sich Nachhaltigkeitsmanagement in den vergangenen zwei Jahrzehnten auch in der praktischen Umsetzung in Unternehmen etabliert. Damit einhergehend hat eine Professionalisierung des Managements ökologischer und sozialer Aspekte in immer mehr Unternehmen stattgefunden. Während mit dem Aufbau von CSR-Stabsstellen ein Berufsstand expliziter CSR-Manager entstand, fehlt häufig noch die notwendige Nachhaltigkeitsprofessionalisierung in den Funktionsbereichen. Mit Blick darauf, dass die Anzahl an Managern, die sich explizit und implizit Nachhaltigkeitsthemen widmen, steigt, stellt **Prof. Dr. Stefan Schaltegger** die Frage nach den beruflichen Anforderungen an unterschiedliche Gruppen von CSR-Managern.

Neben Nachhaltigkeitsbeauftragten, die explizit als solche bezeichnet werden und meist in Abteilungen zu CSR, Umwelt, Sicherheit und Gesundheit arbeiten, können jene Führungskräfte als „implizite" Nachhaltigkeitsmanager bezeichnet werden, die im Rahmen ihrer konventionellen Aufgaben z.B. als Einkäufer, Produktionsmanager oder Marketingleiter eine nachhaltige Unternehmensgestaltung professionell vorantreiben.

Fach- und Führungskräften unterstützen

Während das „Berufsbild CSR" häufig lediglich auf Stelleninhaber bezogen wird, deren Visitenkarte sie explizit als Nachhaltigkeitsmanager ausweist, stehen auch Manager in betrieblichen Funktionsbereichen wie der Produktentwicklung, dem Controlling oder dem Vertrieb vor spezifischen beruflichen Nachhaltigkeitsherausforderungen. Da viele Unternehmen in den vergangenen Jahren explizite CSR-Beauftragte eingestellt und Stabsabteilungen aufgebaut haben, die inzwischen gut durchorganisiert sind, mangelt es zur Verbesserung der konkreten internen Umsetzung des Nachhaltigkeitsmanagements heute vielerorts an Nachhaltigkeitskompetenzen von Führungskräften und Fachexperten in allen Funktionsbereichen. Dies wirft die Frage auf, welchen Berufsanforderungen implizite Nachhaltigkeitsmanager gegenüberstehen und wie explizite CSR-Manager sie unterstützen können.

Betrachtet man die Praxis des Nachhaltigkeitsmanagements, so ist im Plural von CSR-Berufsbildern für explizite und implizite Nachhaltigkeitsmanager zu sprechen, die sich bezüglich der drei zentralen Qualifikationsanforderungen Persönlichkeits-, Fach- und Methodenkompetenz differenzieren lassen.

Explizite und implizite Nachhaltigkeitsmanager stehen in intensivem Austausch.

Foto: Robert Churchill/iStock/Thinkstock

Zusammenspiel mit CSR-Managern erforderlich

Zwar entwickeln zentrale Stabstellen meist wesentliche strategische Konzepte für das Nachhaltigkeitsmanagement des Gesamtunternehmens. Der ambitionierte, umfassende Anspruch des Nachhaltigkeitsmanagements kann jedoch weder von einzelnen Akteuren noch von einer Stabsfunktion allein erreicht werden. Vielmehr ist ein funktionierendes Zusammenspiel expliziter und impliziter Nachhaltigkeitsmanager erforderlich. Die Organisation dieser Zusammenarbeit stellt eine Kernaufgabe expliziter CSR-Manager dar. Explizite Nachhaltigkeitsmanager benötigen damit ihre Kommunikations- und Netzwerkfähigkeiten, um ein unternehmensinternes und -externes Netzwerk aufzubauen sowie Akteure zu motivieren und zu befähigen, während implizite Nachhaltigkeitsmanager ihre Expertise einsetzen, um in ihren Wirkungsbereichen Nachhaltigkeit unternehmerisch umzusetzen.

Sozialkompetenz sowie die eigene Persönlichkeit sind für explizite Nachhaltigkeitsmanager damit zentral. Da unternehmerische Verantwortung eine Querschnittsaufgabe darstellt, bestehen Schnittpunkte zu allen betrieblichen Abteilungen. So geht es z.B. um die Abstimmung mit der PR-Abteilung zur Nachhaltigkeitsberichterstattung, die Initiierung von Nachhaltigkeitsinnovationen in der Forschungsabteilung, die Identifizierung von Effizienzsteigerungspotentialen mit Produktionsmanagern oder die fundierte Klärung von Marktpotentialen mit Marketingleitern. Funktionsbereiche von der Relevanz des Themas Nachhaltigkeit zu überzeugen und ihre Unterstützung in der Umsetzung zu gewinnen stellt explizite CSR-Manager vor die Herausforderung, Umwelt- und Sozialprojekte mit Entscheidungsträ-

Nachhaltiges Denken und Handeln sind wichtige Managementkompetenzen.

gern und erfolgsrelevanten Stakeholdern inner- und außerhalb des Unternehmens zu koordinieren, Weiterbildung zu organisieren und Innovationsforen durch gegenseitigen Austausch zu schaffen. Sie übernehmen eine unternehmensinterne Beraterfunktion und sind Promotoren und Kommunikatoren für den Nachhaltigkeitsfortschritt der Organisation.

Da Nachhaltigkeitsfragen meist eine internationale Dimension beinhalten, sollten explizite Nachhaltigkeitsmanager auch ein interkulturelles Geschick mitbringen. Nicht nur Konzerne, sondern auch viele mittelständische Unternehmen operieren in Ländern mit niedrigen Sozial- und Umweltstandards. Um damit einhergehende Risiken zu kennen und zu minimieren, die sich auf den wesentlichen Absatzmärkten ergeben, ist vielfach eine Weiterbildung von Lieferanten und Vorlieferanten in der Wertschöpfungskette und ein Dialog mit Stakeholdern vor Ort notwendig.

Generalisten und Umsetzungsexperten

Implizite Nachhaltigkeitsmanager sind demgegenüber verstärkt mit konkreten Umsetzungsprojekten in ihrem Funktionsbereich befasst, womit Teamfähigkeit, Fähigkeiten im Selbst- und Zeitmanagement sowie die Fähigkeit zur Nutzung und Mitgestaltung bestehender Organisationsstrukturen gefordert sind. Bevor Nachhaltigkeitsaspekte im Tagesgeschäft etabliert sind, erfolgt meist eine Initialisierung über ein Projekt. Damit werden alle mit dem Projektmanagement einhergehenden Soft Skills und Fachkompetenzen gefordert. Eine gute Zusammenarbeit mit der CSR-Stabsabteilung kann ihre Unterstützung und die der Geschäftsleitung sichern, Kontakte mit Fachleuten vereinfachen und Expertenwissen zu Methoden und Standards des Nachhaltigkeitsmanagements liefern.

Neben Soft Skills in der Teamführung spielen für implizite Nachhaltigkeitsmanager vor allem fundierte

Fach- und Handlungskompetenzen eine große Rolle, da erfolgreiche CSR in der konkreten Umsetzung auf Fachkompetenzen zu unternehmerischer Nachhaltigkeit beruht. Während explizite CSR-Manager sich mit unternehmensweiten Nachhaltigkeits-, Umwelt- und Sozialmanagementsystemen sowie einer Vielzahl wechselnder Themen wie Berichterstattung, Geschäftsmodell- und Produktentwicklung, Diversität, Klimaschutz oder Lieferkettengestaltung sowie strategischen Projekten aus einer konzeptionellen Sicht beschäftigen, sind implizite Nachhaltigkeitsmanager viel stärker mit detaillierten Umsetzungsfragen in einem fokussierten Unternehmensbereich befasst. Fachkompetenz erhält für explizite und implizite Nachhaltigkeitsmanager damit eine andere Bedeutung.

Angesichts des breiten Themenspektrums und der facettenreichen Anforderungen sind explizite CSR-Manager mehr als Generalisten oder Systemdenker und implizite Nachhaltigkeitsmanager mehr als bereichsspezifische Umsetzungsexperten herausgefordert. Beide besitzen Fachwissen zur Identifikation von Umwelt- und Sozialthemen und zu Möglichkeiten einer nachhaltigen Weiterentwicklung der Organisation. Analytische Fähigkeiten und ein fundiertes Verständnis von operativen Erfolgsfaktoren sind sowohl für explizite als auch implizite Nachhaltigkeitsmanager unabdingbar.

Neben Persönlichkeitskompetenzen und Expertenwissen zu Nachhaltigkeitsmanagement sind besonders für explizite CSR Manager fundierte methodische Grundlagenkenntnisse der Betriebswirtschaftslehre und des Nachhaltigkeitsmanagements notwendig, um hilfreiche Impulse mit dem jeweiligen Fachterminus qualifiziert mit Fachabteilungen zu erörtern und Problemlösungen in verschiedenen Unternehmenskontexten zu generieren. Zu dem spezifischen Methodenwissen expliziter Nachhaltigkeitsmanager gehört z.B. Know-how zur Ökobilanzierung, zu Umwelt- und Sozialmanagementsystemen, Berichterstattungsstandards oder zur Messung von Nachhaltigkeit. Neben dem üblichen Management-Know-how zur Beantwortung dessen, was wie erreicht werden kann und soll, geht es auch um das Warum. Viel stärker als bei konventionellen Managementfragen wird eine überzeugende, den gesellschaftlichen und betrieblichen Nutzen darstellende Begründung verlangt. Darüber hinaus sind insbesondere bei impliziten Nachhaltigkeitsmanagern bereichsspezifische Methodenkenntnisse z.B. zu Eco-Design in der Produktentwicklung oder logistischer Optimierungssoftware im Vertrieb sowie Anwendungs- und Handlungskompetenzen notwendig, um eine erfolgreiche Umsetzung zu unterstützen.

Zusatzqualifikation in allen Funktionsbereichen

Während das Berufsbild der expliziten Nachhaltigkeitsmanager in den vergangenen Jahren professionalisiert und in verschiedene Beauftragtenfunktionen wie Diversitäts-, Sonderabfall- oder Klimaschutzbeauftragte ausdifferenziert wurde, ist nun vermehrt eine Nachhaltigkeitsprofessionalisierung in den Funktionsbereichen gefordert. Neben dem eigenständigen Stellenprofil der expliziten CSR-Manager ist vermehrt die Kompetenzentwicklung und die effektive Umsetzung von Nachhaltigkeitsmanagement als fachliche Zusatzqualifikation in allen Funktionsbereichen gefordert. Die Qualifikation, Nachhaltigkeit unternehmerisch im Tagesgeschäft umzusetzen, wird für den Erfolg und die Zukunftsfähigkeit von Managern in allen Bereichen und auf allen Führungsebenen weiter an Bedeutung zunehmen. ■

Professor Dr. Stefan Schaltegger ist Leiter des Centre for Sustainability Management (CSM) an der Leuphana Universität Lüneburg und Gründer des MBA Sustainability Management. Er hat den Lehrstuhl für Nachhaltigkeitsmanagement inne.

Nachhaltige Kommunikationsprobleme: Warum Unternehmer, Verbraucher und Investoren aneinander vorbeireden

Wie ist die Sicht von CEOs, Verbrauchern und institutionellen Investoren auf das Thema Nachhaltigkeit? Verständigungsprobleme auf allen Ebenen verhindern messbare Fortschritte. Dabei hegen die Konsumenten hohe Erwartungen an Produkte und Dienstleistungen, welchen Beitrag diese zur Lösung von materiellen, ökologischen und sozialen Herausforderungen leisten. **Alexander Holst** belegt diese Tendenzen mit aktuellen Studienergebnissen.

Wir haben ein Problem, und das duldet keinen Aufschub. Was aber ist jetzt zu tun? Der Konsens könnte kaum größer sein. Von den Vorständen der großen Konzerne über die Vertreter der politischen Mitte bis hin zu Verbrauchern und Investoren herrscht rund um den Globus Einigkeit, dass unsere derzeitige Art zu wirtschaften an ihre Grenzen stößt. Und trotzdem erzielen wir nur minimale Fortschritte bei dem Versuch, unsere Lebensweise nachhaltiger zu gestalten.

Exemplarisch dafür steht der Kampf gegen den Klimawandel. Der jüngste Bericht der Klimarahmenkonvention der Vereinten Nationen (UNFCCC) hat uns gerade erst wieder daran erinnert, dass wir hier bisher kaum vorangekommen sind. Auch beim globalen Rohstoffverbrauch sind die Zahlen ernüchternd. Machen wir so weiter wie bisher, brauchen wir die Ressourcen von 1,3 zusätzlichen Erden, um eine Weltbevölkerung von bald neun Milliarden Menschen zu versorgen. Die Liste ließe sich beliebig verlängern. Wir könnten es uns einfach machen und der Politik den Schwarzen Peter zuschieben. Alle bisherigen Versuche, sich auf einen globalen Klimaschutzvertrag zu einigen, sind gescheitert. Weder ist es gelungen, weltweit verbindliche steuerliche Anreize zu setzen, noch, ein effektives System für den Emissionshandel einzuführen. Die Politiker sind aber nicht die Alleinschuldigen. Ein Großteil der Konsumenten sieht die Unternehmen in der Verantwortung, durch ihre Produkte und Marken messbar zum Fortschritt beizutragen.

Vertrauen der CEOs in den Markt sinkt

Dass die Dinge auch in der Wirtschaft im Argen liegen, zeigt das Studienprogramm, an dem Accenture im Auftrag des UNO-Generalsekretärs und des UN Global Compact seit zehn Jahren arbeitet. Im Mittelpunkt steht dabei eine Gruppe von über 1.000 CEOs aus allen Branchen, die in dreijährigem Turnus zur Bedeutung von Nachhaltigkeit für ihre Geschäfte befragt werden. Im Jahr 2010 war die Mehrheit noch voller Vertrauen in die Kräfte des Marktes. Unter-

In den Augen der CEOs wird Nachhaltigkeit von Seiten der Kunden und Investoren nicht ausreichend belohnt.

Foto: Jirsak/iStock/Thinkstock

nehmen sorgten für die nötigen Innovationen, nicht Regierungen. Diese sollten es dem Markt überlassen, die Gewinner zu identifizieren, die zwangsläufig die am nachhaltigsten ausgerichteten Unternehmen sein würden. Der Druck von Konsumenten und Investoren würde zu einer entsprechenden Auslese führen, so die Argumentation.

Nur drei Jahre später war das Meinungsbild umgeschlagen. Bei der Umfrage im Jahr 2013 erklärte die überwältigende Mehrheit der Vorstände, dass „die Wirtschaft" kollektiv versagt habe. Die Frustration war groß. Trotz erheblicher Anstrengungen hatten viele das Gefühl, über ein bestimmtes Niveau nicht hinauszukommen. Das Wort von der „Paralyse durch Pilotprojekte" machte die Runde. Rufe nach mehr Regulierung durch die Politik wurden laut. Bei den eigenen Investoren, so der Vorwurf, stoße Nachhaltigkeit auf Desinteresse. Und die Verbraucher fänden das Thema zwar wichtig, seien aber nicht bereit, mehr Geld für nachhaltigere Produkte auszugeben. Die Erwartungshaltung auf Kundenseite sei hoch, das Verhalten spiegle das aber nicht wider.

Diskrepanz zwischen Erwartungen und Kaufentscheidung

Und was sagen die Verbraucher selbst? Um das herauszufinden, hat Accenture zusammen mit Havas Media 30.000 Konsumenten in 20 Ländern weltweit befragt, darunter auch in Deutschland. Herausgekommen ist ein zweigeteiltes Bild: In den westlichen Industrienationen ist es tatsächlich so, dass die Verbraucher Nachhaltigkeit als wichtig einschätzen und Politik und Wirtschaft gleichermaßen in der Pflicht sehen, hier für Verbesserungen zu sorgen. Gleichzeitig informieren sich aber nur wenige aktiv über die

Die hohen Erwartungen der Verbraucher spiegeln sich häufig nicht in ihren Kaufentscheidungen wider.

Foto: Antonio_Diaz/iStock/Thinkstock

Nachhaltigkeit von Produkten und Dienstleistungen, und nur eine Minderheit berücksichtigt dies bei ihrer Kaufentscheidung. In Deutschland sind das konkret 13 Prozent, die nach Informationen suchen, und 22 Prozent, für die Nachhaltigkeit aktuell ein Kaufkriterium ist. In Nordamerika sehen das die Konsumenten fast identisch.

In den schnell wachsenden Schwellenländern sind die Erwartungen an Politik und Wirtschaft ähnlich hoch, aber die Verbraucher wollen sehr viel genauer wissen, welchen Einfluss Produkte auf ihre lokale Umwelt haben. In China geben das 44 Prozent der Befragten an und in Indien 50 Prozent. In Anbetracht der Luftverschmutzung in chinesischen Städten oder dem fehlenden Zugang zu sauberem Trinkwasser in Teilen Indiens ist das nachvollziehbar. Hier spüren die Menschen direkt und unmittelbar die Auswirkungen einer nicht nachhaltigen Wirtschaftsweise.

Hinzu kommt, dass das Misstrauen gegenüber den Versprechen der Wirtschaft auf Verbraucherseite hoch ist – und das über alle Ländergrenzen hinweg. So sagen rund zwei Drittel der Befragten, dass sie mehr nachhaltige Marken kaufen würden, wenn sie den Angaben der Unternehmen dazu Glauben schenken könnten. Für Unternehmen heißt das, dass die Zeit des „Greenwashing" endgültig vorbei ist. Wollen sie Vertrauen (zurück-)gewinnen, müssen sie sehr viel konkreter sagen, inwiefern ein nachhaltigeres Produkt die Lebensumstände des Käufers verbessert. Damit ist eine nachhaltige Markenführung eng verknüpft mit der Fähigkeit, den Wertbeitrag der Produkte messen und steuern zu können. Erst dann wird Nachhaltigkeit auch wirklich für die Konsumenten greifbar. Der Umfrage zufolge belohnen dann mehr als die Hälfte der weltweiten Kunden (und sogar 78 Prozent in Lateinamerika) dies mit einer höheren Markenloyalität.

Investoren noch nicht überzeugt

Mit den Investoren gibt es ähnliche Verständigungsprobleme. Nach wie vor gelingt es den Unternehmen nicht, den Nachweis zu erbringen, in welchem Umfang Nachhaltigkeit zum Unternehmenserfolg beiträgt. Ausnahmen wie das Erzielen von Premiumpreisen für nachhaltigere Produkte oder das Einsparen von Rohstoffen im Produktionsprozess bestätigen leider die Regel. Vorstandschefs, Finanzvorstände und Investoren sind gefangen im Zahlenkosmos von Excel. Wer seine Anstrengungen im Bereich Nachhaltigkeit nicht quantifizieren kann und wem es somit nicht möglich ist, die Auswirkungen auf den Aktienkurs zu prognostizieren, der kann noch so viel über einen reduzierten Schadstoffausstoß oder den CO_2-Fußabdruck reden. Es wird folgenlos bleiben.

Wie weit Unternehmen und Investoren auseinanderliegen, verdeutlicht die dritte Studie in der Reihe: eine Umfrage unter institutionellen Investoren, die die Prinzipien für verantwortliches Investieren (PRI) der Vereinten Nationen unterzeichnet haben. Vergleicht man deren Antworten mit denen der CEOs, sagt das eigentlich alles: So sind 57 Prozent der Manager überzeugt, dass sie eine entsprechende Nachhaltigkeitsstrategie einschließlich der Vorteile vermitteln können, aber nur ganze 9 Prozent der Investoren sind dieser Ansicht. Und während 38 Prozent der Vorstände meinen, den Wertbeitrag von Nachhaltigkeit quantifizieren zu können, haben ganze 7 Prozent der Investoren den gleichen Eindruck. Kein Wunder also, dass viele Vorstände nicht mehr als ein höfliches Kopfnicken ernten, wenn sie mit ihren Investoren über Nachhaltigkeit sprechen.

Entscheidend ist somit, die positive Wirkung von Nachhaltigkeit glaubwürdig über die Marke zu kommunizieren. Konsumenten erwarten mehr als nur den Erwerb von Produkten und Dienstleistungen. Innovationen sind gefordert, die einen positiven Einfluss auf die Lebensqualität der Kunden nehmen bzw. deren übergeordnete Bedürfnisse, wie etwa einen ressourcenschonenden Konsum, befriedigen. Die Realisierung einer zukunftsfähigen Stakeholder-Economy verlangt nach einer ganzheitlichen Kommunikation, in der finanzielle, soziale und ökologische Unternehmensleistungen integriert betrachtet und gemessen werden. Sobald es Unternehmen gelingt, plausible und quantifizierbare Verknüpfungen zwischen nichtfinanzieller Leistung und finanzieller Leistung darzustellen, werden Kunden dies auch belohnen können.

Hier können Unternehmen eindeutig mehr tun: Wenn sie die Wirkung der sozialen und ökologischen Veränderungen auf ihr Unternehmen besser verstehen und gleichzeitig die Wirkung ihres unternehmerischen Handelns auf die Gesellschaft besser vermitteln und steuern, dann ist eine echte Trendwende möglich. ■

Alexander Holst ist Leiter des Geschäftsbereichs Sustainability Services bei Accenture Strategy.

Herausforderungen im Zeitalter der digitalen Transformation

Eine neue unternehmenspolitische Verortung von CSR und das Zusammenwachsen bislang getrennt wahrgenommener Themenbereiche verändern die CSR-Landschaft und damit auch die CSR-Kommunikation. Die wichtigsten Herausforderungen fasst **Prof. Dr. Lars Rademacher** thesenhaft aus der Perspektive der Unternehmenskommunikation zusammen.

Herausforderung Relevanz & Wesentlichkeit

Was CSR für ein Unternehmen bedeutet, ist nur zum Teil übergeordnet bestimmbar und hängt stark vom jeweiligen Geschäftsfeld und dem Branchenumfeld ab. Produzierende Unternehmen z.B. legen oft großen Wert auf Umweltaspekte oder CSR in der Lieferkette, während Dienstleister häufig stärker die soziale Verantwortung (auch und gerade gegenüber Mitarbeitern und lokalen Gemeinschaften) im Blick haben. Das bedeutet, CSR aus dem Unternehmen heraus zu entwickeln, um für sich zu bestimmen: Was heißt CSR für uns? Was heißt das für unser Unternehmen? Und dabei gilt es, die Mitarbeiter früh einzubeziehen. Denn Studien zeigen immer wieder: Wächst die Überzeugung nicht von innen mit, leidet die Glaubwürdigkeit nach außen.

Herausforderung Reporting & Ressourcen

Die zunehmende Bedeutung von CSR-Reportings (vor allem seit der Einführung von GRI G4) führt dazu, dass Kommunikation von CSR vielfach als „Pflichtberichterstattung" betrachtet wird. Gerade sogenannte Integrierte Reportings bedeuten einen enormen Ressourceneinsatz und treffen vor allem viele Mittelständler unvorbereitet. In der Konsequenz bedeutet dies oft eine extreme Reduzierung, ja erschreckende Verarmung, die die enormen Chancen der CSR-Kommunikation unberücksichtigt lässt. Denn während CSR als Thema in den Medien noch vor einigen Jahren ein Schattendasein fristete, haben die redaktionellen Flächen für die Themen CSR, Sustainability und unternehmerische Verantwortung mittlerweile enorm zugenommen. Das betrifft sowohl die Tagesmedien als auch eine Vielzahl spezialisierter neuer Magazine und Informationsdienste. Doch vielfach fehlen die zusätzlichen Ressourcen, die man für ein strategisches Storytelling aufwenden müsste.

Herausforderung Stakeholdermanagement

Konnte man noch vor wenigen Jahren davon ausgehen, dass mit Stakeholdern gesellschaftliche Gruppen, Eigner oder Medien gemeint sind, also einigermaßen disperse Publika, die man über Formen der Massenkommunikation adressiert, so hat spätestens die digitale Revolution gezeigt, dass Stakeholder „Namen und Gesichter" (R.E. Freeman) haben – und Adressen

Die Digitalisierung macht viele Stakeholder sichtbar.

Foto: VLADGRIN/iStock/Thinkstock

bzw. Kanäle, über die sie immer persönlicher angesprochen werden müssen. Die Kommunikation zwischen Unternehmen und Stakeholdern wird damit immer direkter, immer persönlicher und findet immer seltener über Massenmedien statt. Das hat weitreichende Konsequenzen für die Ressourcen, die künftig für das Stakeholdermanagement und die Stakeholderkommunikation bereitgehalten werden müssen.

Herausforderung Digitalisierung

Die Explosion der digitalen Kanäle hat ganz neue Kommunikationsarenen geschaffen und den Kosmos der Kommunikationsschnittstellen für Unternehmen enorm erweitert. Zugleich ist die Bedeutung klassischer Medien für die Darstellung der Unternehmen in der Öffentlichkeit gesunken: Redaktionen werden verkleinert oder zusammengelegt, ganze Medien verschwinden. Auch die Nutzer greifen heute auf ganz verschiedene Quellen zu und weinen (zum Leidwesen der Medienunternehmen) der veränderten Medienauswahl gar nicht so laut hinterher. Das ist eine Herausforderung für die CSR-Kommunikation, weil sich einige der bisherigen Ansprechpartner in den Medien verändert haben. Damit ergibt sich aber auch eine Chance, weil die digitalen Kanäle es möglich machen, sich direkt und über eigene Kanäle an die Kunden und Nutzer zu wenden, um ihnen von Projekten und Programmen zu berichten.

Herausforderung Komplexität

Zunehmend kommen die Felder Governance, Compliance und CSR an entscheidenden Punkten zur Deckung: Regelgerechtes Verhalten, Prävention und verantwortungsvolles Verhalten entlang der „Tripple Bottom Line" (und darüber hinaus) verbinden sich zu einem integrierten Handlungszusammenhang. Doch weder in den Organigrammen der Unternehmen noch in einer übergreifenden Planung ist dies bislang berücksichtigt. Das bedeutet dann auch für die Kommunikation ein großes Hindernis, weil eine übergreifende Kommunikationsplanung letztlich nur widerspiegeln kann, was im Geschäftsmodell entsprechend verknüpft und ausreichend repräsentiert ist. Die damit einhergehende Komplexität stellt eine zusätzliche Hürde für die CSR-Kommunikation dar.

Herausforderung Expansion

Das Thema CSR expandiert – und zwar gleich in mehrere Richtungen. In den vergangenen Jahren hat sich der Anspruch, verantwortungsvoll und nachhaltig zu wirtschaften, auf eine Reihe neuer Branchen ausgeweitet. Branchen wie etwa die Medienindustrie sehen sich mit Erwartungshaltungen konfrontiert, die z.B. den Umgang mit oder die Verlässlichkeit von Informationen betreffen (Media-Accountability) oder den Wert beziffern wollen, den ein öffentliches Gut wie Medien zum Allgemeinwohl beiträgt (Public Value). Zum anderen expandiert CSR als Konzept: Themen wie Gender und Diversity gehören auf einmal ebenso in diesen Kontext wie

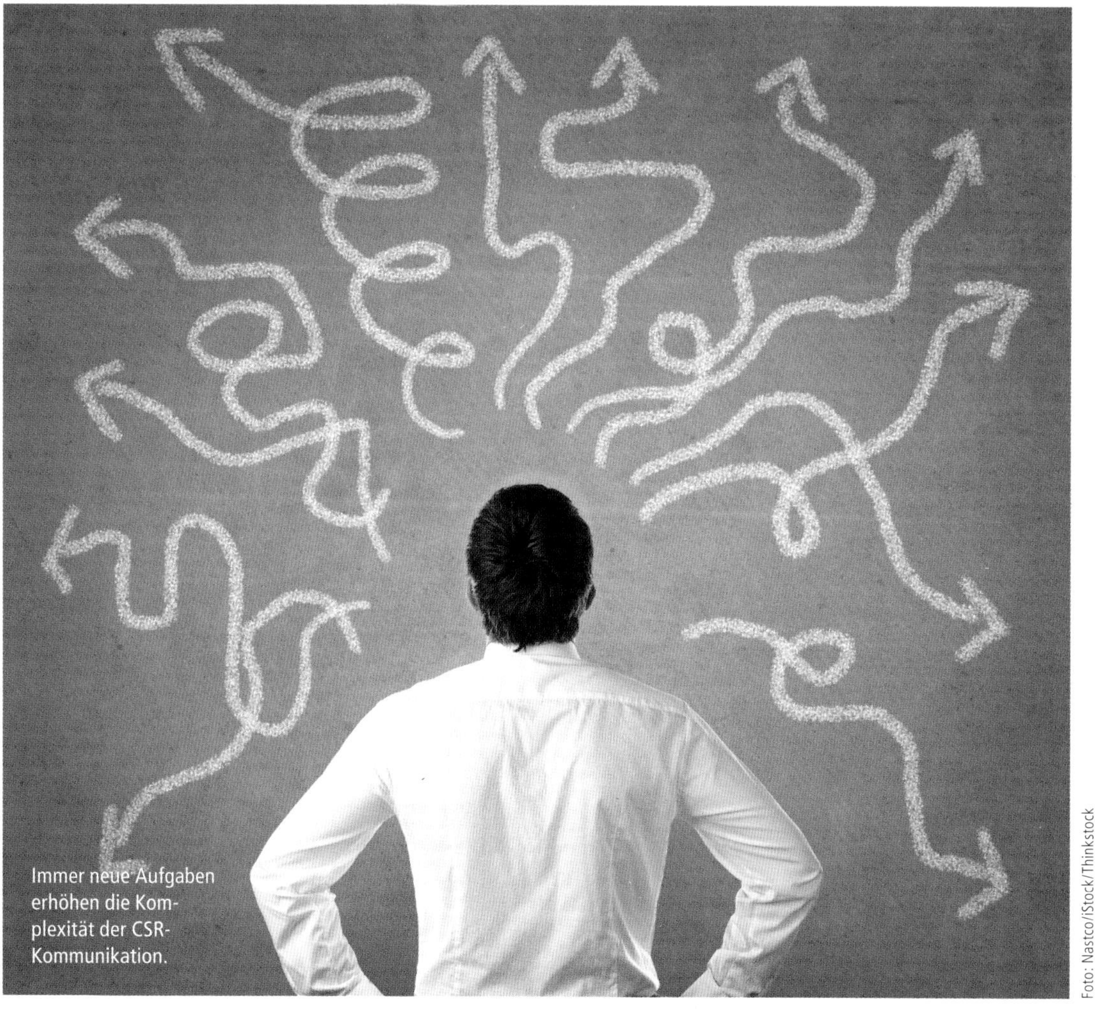

Immer neue Aufgaben erhöhen die Komplexität der CSR-Kommunikation.

Foto: Nastco/iStock/Thinkstock

zuvor Umwelt und Soziales. Das schafft wieder neue Kommunikationshürden – gerade für den Mittelstand, der viele Regelungen mit einer anderen Taktung umsetzen muss, als dies Konzerne tun.

Herausforderung Integration in das Geschäftsmodell

Die beste und sicherste Variante, CSR als Denkmodell im Unternehmen zu verankern, Mitarbeiter zu verantwortungsbewusstem Handeln zu bewegen und entlang der Lieferkette die Einhaltung von Standards zu fördern und durchzusetzen, ist und bleibt der Business-Case. Wenn es gelingt, CSR weitgehend aus der philanthropischen Ecke zu holen und möglichst vollständig in das eigene Geschäftsmodell zu integrieren, steigen sowohl die Effektivität als auch die Effizienz der Maßnahmen. Das Geschäft wird insgesamt stabiler und innovativer (zumindest im Sinne sozialer Innovation). Einige Unternehmen (wie z.B. Einzelhändler) haben CSR und Sustainability sogar so weit integriert, dass dies zu einem prägenden Element ihrer Außendarstellung geworden ist. Der kanadische Politologe Peter Dauvergne spricht sogar von einem „Big Brand Takeover" der

Idee der Nachhaltigkeit, die er „Eco-Business" nennt. Wo CSR und Nachhaltigkeit so eng mit dem Kerngeschäft verschränkt sind, lassen sie sich auch nicht mehr herauskürzen oder als modische Erscheinung oder legitimatorische Maßnahme abtun. Sie werden zu einem Kernelement und zur Basis für unternehmerischen wie kommunikativen Erfolg.

Herausforderung Innovation & Wertschöpfung

Neue Paradigmen wie die Kreation von sogenanntem Shared Value (Porter & Kramer 2011) werden als zukunftsweisende Managemententwicklungen verstanden. Es gehe darum, als Unternehmen stärker gesellschaftliche Bedürfnisse zu befriedigen, entlang der Wertschöpfungskette Verbesserungen einzuleiten oder in der lokalen Community für Verbesserungen zu sorgen. Dies wird als Weg zu einer neuen Phase von Wachstum und Innovation verstanden. Doch die meisten Unternehmen verstehen sich noch nicht als Teil dieser Bewegung, die auch eine Menge sozialer Innovationen befördern dürfte. Hier liegen enorme Chancen für die Kommunikation, weil ein authentisches unternehmerisches Engagement auf diesen Feldern etwaigen Greenwashing-Vorwürfen sofort die Berechtigung entzieht.

Herausforderung Kooperation

Als wichtige Grundlage zum Aufbau eines relevanten CSR-Engagements hat Professor André Habisch von der Katholischen Universität Eichstätt vor ein paar Jahren formuliert, das Engagement solle Bezug nehmen auf wichtige ordnungspolitische Fragestellungen des 21. Jahrhunderts. Gerade solche Fragen (Bildung, Armut, Umweltschutz, Ressourcenschonung etc.) sind typischerweise auch solche, die sich kaum allein, sondern, um effektiv zu sein, nur in Netzwerken und mit Kooperationen angehen lassen. Doch wo Kooperation notwendig ist, braucht es Kommunikation. Und gerade bei herausragendem CSR-Engagement ist die Kommunikation zwischen den Kooperationspartnern von hoher Bedeutung. Es geht um den Stil in der Zusammenarbeit, es geht aber auch darum, trotz einer Vielzahl Beteiligter auch als einzelner Unterstützer einer Initiative noch sichtbar zu bleiben. Denn sonst erschöpft sich das Engagement eines Unternehmens in bloßer Legitimation. Und wer nur aus Gründen der Risikominimierung und der Legitimation beteiligt ist, der zieht aus der Notwendigkeit zu kooperieren die falschen Schlüsse und vergibt Chancen für eine eigenständige Profilierung gegenüber seinen Stakeholdern.

Herausforderung Employer-Branding & Mitarbeiterkommunikation

Wer jüngere Studien vergleicht, weiß, dass Mitarbeiter besonders kritisch mit ihrem Arbeitgeber sind. Das gilt auch für die Darstellung des CSR-Engagements. Und nichts ist peinlicher, als dass sich Mitarbeiter negativ über gut gemeinte Projekte und Initiativen ihres Arbeitgebers äußern. Das kann sogar die Personalsuche erschweren und die Talent-Communication beeinträchtigen. Doch das lässt sich mit guter interner Kommunikation beeinflussen. Unsere eigenen Studien haben z.B. gezeigt, dass Mitarbeiter über das CSR-Engagement ihres Arbeitgebers gern informiert werden möchte – aber bitte in einem sachlichen Ton, ohne zu viel Jubel und bitte nicht zu oft. Hier kommt es auf das richtige Maßhalten an. ■

Professor Dr. Lars Rademacher ist Studiengangleiter Onlinekommunikation der Hochschule Darmstadt (h_da) am Mediencampus Dieburg.

Der CFO als Treiber einer nachhaltigen Unternehmensführung

Eine nachhaltigkeitsorientierte Geschäftsstrategie betrifft alle Funktionsbereiche. Finance als Verantwortungsbereich des CFO scheint in vielen Unternehmen von dieser Entwicklung noch unberührt. Welche Anknüpfungspunkte es dennoch gibt und wo es zudem strategische Gestaltungsmöglichkeiten für den CFO gibt, zeigt **Dr. Thomas Schulz** auf.

Überall arbeiten Unternehmen daran, ihre Strategie, Prozesse und Kultur an den Anforderungen der Nachhaltigkeit auszurichten. Viele befinden sich noch in der Findungs- und Sortierungsphase, aber vor allem größere Unternehmen haben bereits eine hohe strategische und operative Kompetenz in der systematischen Gestaltung und Realisierung einer nachhaltigen Unternehmensführung entwickelt.

Die nachhaltigkeitsorientierte Geschäftsstrategie betrifft dabei alle Funktionsbereiche des Unternehmens. Jedoch drängt sich nicht der Eindruck auf, dass der Bereich Finance als Verantwortungsbereich des CFO in gleichem Maße vom Gedanken der Nachhaltigkeit beeinflusst wird wie die Bereiche Marketing, Beschaffung oder HR. Dies ist erstaunlich, da die vier Hauptmotive für eine nachhaltigkeitsorientierte Unternehmensführung zu den CFO-Kernthemen gehören: Kostenentlastung (z.B. durch Effizienzsteigerung), Umsatzgewährleistung/-steigerung (z.B. durch zukunftsfähige Produktportfolios), Risikoreduzierung (z.B. durch Reputationssicherung) und Schaffung von Wettbewerbsvorteilen (z.B. auf den HR- und Finanzmärkten). Betrachtet man deshalb die einzelnen Finance-Teilbereiche genauer, so wird schnell deutlich, dass – zumindest bei Unternehmen mit einer nachhaltigkeitsorientierten Geschäftsstrategie – Nachhaltigkeitsaspekte an vielen Stellen im Bereich Finance eine Rolle spielen.

Strategisches Management

Sobald Nachhaltigkeit im Unternehmen als strategisches Thema begriffen wird, werden der CEO gemeinsam mit dem CFO die bestehende Geschäftsstrategie für Kerngeschäft und Geschäftsbetrieb nachhaltig ausrichten. Dies geschieht, indem sie ökologische und soziale Aspekte in der strategischen Analyse und in der Strategieformulierung berücksichtigen sowie mit geeigneten, teils neuen KPIs die Strategieumsetzung steuern. Hierzu gehört auch die Einführung eines Anreiz- und Vergütungssystems für die obersten Führungsebenen, das nicht nur ökonomische, sondern auch ökologische und soziale Ziele integriert.

Performancemanagement

Der Bereich Controlling ist die zentrale Instanz für Prozesse und Instrumente der Planung, Steuerung und Kontrolle im Unternehmen. Wird das bis dahin rein ökonomisch geprägte Controlling um ökologische Aspekte erweitert, entsteht das leistungsfähigere „Green Controlling", das folgende Ziele verfolgt:

- Gewährleistung einer Unternehmenssteuerung nach ökonomischen und ökologischen Zielen („Green Controlling Framework")
- Integration der ökologischen Dimension in bestehende Entscheidungsprozesse
- zentrale Verantwortung für das Reporting ökologischer Aspekte im Unternehmen
- Ausfüllen der Rolle des Koordinators und des Realitätssicherers

Beispiele für spezielle Umweltkostenrechnungen sind die Materialflusskostenrechnung, die Produktlebenszyklusrechnung (Ökobilanz) und das Carbon-Management-Accounting (CO_2-Fußabdruck). Zu den strategischen Nachhaltigkeitsmanagementsystemen zählen z.B. die „Sustainability Balanced Scorecard" (SBSC) und das Modell der European Foundation for Quality Management (EFQM-Modell).

Reporting

Eines der Ziele von Green Controlling ist die Reporting-Verantwortung für alle ökologischen Informationen des Unternehmens. Insofern ist es für Finance relevant, dass gemäß der EU-Richtlinie über die Offenlegung nichtfinanzieller Informationen ab 2017 alle kapitalmarktorientierten Unternehmen mit mehr als 500 Mitarbeitern in Europa im Anhang ihres Jahresabschlusses eine „Nichtfinanzielle Erklärung" über ihre Nachhaltigkeitsstrategie abgeben müssen. Dies kann in Anlehnung an umfängliche internationale Rahmenwerke geschehen, wie z.B. Global Reporting Initiative (GRI), UN Global Compact und ISO 26000.

In der Zusammenführung finanzieller und nichtfinanzieller Information beim Integrated Reporting wird von vielen Kapitalmarktexperten ohnehin die Zukunft der Unternehmensberichterstattung gesehen.

Unternehmensfinanzierung

Eine nachhaltige Unternehmensführung hat Einfluss auf die Rahmenbedingungen und Konditionen der Bank- und Kapitalmarktfinanzierung von Unternehmen.

Für den Bereich der Eigenkapitalfinanzierung lässt sich Folgendes feststellen: Für Großunternehmen weltweit ist es wichtig, ein positives Nachhaltigkeitsrating zu erhalten bzw. in einem Nachhaltigkeitsfonds oder -index gelistet zu sein. Dies lässt sich darauf zurückführen, dass institutionelle Investoren bei ihren Kapitalanlageentscheidungen zunehmend Nachhaltigkeitsaspekte in ihre Finanzanalysen einbeziehen und dass es eine steigende Anzahl internationaler Aktienbörsen gibt, die an gelistete Unternehmen teils substantielle Nachhaltigkeitsanforderungen stellen (Sustainable Stock Exchanges Initiative). Ein weiterer Grund ist, dass sich durch systematisches professionelles Nachhaltigkeitsmanagement eine Steigerung der finanziellen Performance erreichen lässt.

Ein gutes Nachhaltigkeitsrating wirkt sich auch positiv auf die Reputation und das Reputationsrisiko eines Unternehmens aus, und es kann den Zugang zu Fremdkapital in Form von Krediten und Anleihen erleichtern.

Da die Kreditbereiche der meisten Banken im Rahmen ihrer Bonitätsanalysen auch das Reputationsrisiko prüfen und sich zudem das Risikomanagement zum Treiber der Prüfung der Nachhaltigkeitsleistung von Kreditnehmern entwickelt, können Unterneh-

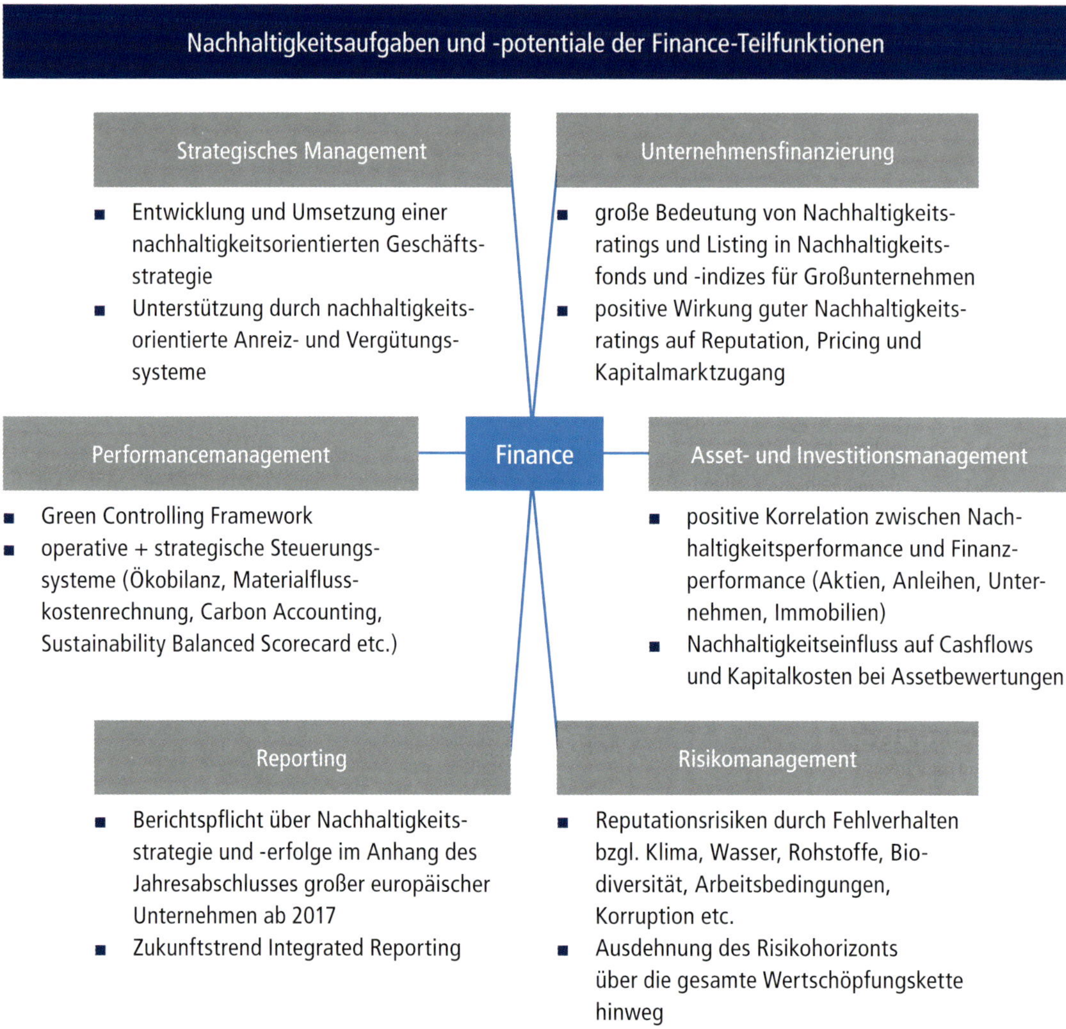

Quelle: Dr. Thomas Schulz

men mit erfolgreichem Nachhaltigkeitsmanagement zu einer besseren Bonitätseinstufung kommen und mit einem entsprechenden Pricing rechnen. Ähnliches gilt auch für die Credit-Spreads von Corporate Bonds.

CFOs müssen also letztlich in der Lage sein zu beurteilen, ob ihr Unternehmen für Kreditinstitute und Investoren ein nachhaltigkeitsinduziertes Reputationsrisiko darstellt.

Asset- und Investitionsmanagement

Durch eine Vielzahl wissenschaftlicher Studien mehren sich deutlich die Indizien, dass die umfassende Nachhaltigkeitsleistung eines Unternehmens (gemessen z.B. durch ein gutes Nachhaltigkeitsrating) langfristig einen positiven Einfluss auf seine finanzielle Performance (z.B. Aktienkurs, Aktienrendite, Kapitalkosten) hat. Dieser kausale Zusammenhang ist von hoher Relevanz für Investitionen in langfristige Finanz- und Sachanlagen. Denn systematisches Nachhaltigkeitsmanagement wirkt – je nach Investitionsgegenstand über unterschiedliche Hebel – unmittelbar auf die zentralen Bewertungsvariablen im Rahmen von Discounted-Cashflow-Rechnungen, z.B. auf

- die Free Cashflows im Zähler (höhere Umsätze z.B. durch „grüne" Innovationen; geringere Kosten z.B. durch Energieeffizienzsteigerung) und
- die Diskontierungsfaktoren im Nenner (reduzierte Risikoprämien beim Ansatz der Weighted Average Costs of Capital).

Nachhaltigkeitsorientiertes Corporate Real-Estate-Management (dokumentiert durch Zertifikate z.B. der Deutschen Gesellschaft für Nachhaltiges Bauen [DGNB] oder nach der Building Research Establishment Environmental Assessment Methodology [BREEAM] und der Leadership in Energy and Environmental Design [LEED]) befördert die Reputation, den Wert und die Wertentwicklung von Gewerbe- und Unternehmensimmobilien. Erste Stimmen sehen „nachhaltiges Bauen" als zukünftigen Standard, der bei Nichteinhalten zu Bewertungsabschlägen führt; somit entwickelt sich Nicht-Nachhaltigkeit auch bei unternehmenseigenen Immobilien zu einem finanziellen Risiko.

Risikomanagement

Steigende und sich verändernde Ansprüche der Gesellschaft an Unternehmen und die zunehmende globale Transparenz unternehmerischer Aktivitäten erhöhen die Gefahr für Unternehmen, sich auf den großen globalen Problemfeldern unserer Welt nicht nachhaltig zu verhalten. Besonders in Bereichen wie Klima, Wasser, Rohstoffe, Biodiversität, Menschenrechte, Arbeitsbedingungen und Korruption rücken neue Risikoarten auf die Agenda von CFOs.

Häufig haben Unternehmen bei entsprechendem Fehlverhalten keine juristischen Sanktionen zu befürchten, sondern sie haben eine Beeinträchtigung ihrer Reputation in Kauf zu nehmen; tatkräftige Stakeholder sorgen für Transparenz und öffentlichen Druck. Dies gilt übrigens auch für die Verfolgung legaler Aktivitäten und Verfahren, die aber von der Gesellschaft als nicht legitim angesehen werden, wie z.B. Infrastrukturprojekte in Siedlungsnähe oder Gewinnverschiebungsstrategien zwecks Steuervermeidung.

Entscheidend für die Entwicklung hin zu einem nachhaltigkeitsorientierten Risikomanagement ist zudem die Ausdehnung des Risikobetrachtungshorizonts über die Unternehmensgrenzen hinaus bis an den Anfang und das Ende der gesamten Wertschöpfungskette. Prekäre Arbeitsbedingungen in Entwicklungsländern, hohe Nutzungsverbräuche und nicht recyclingfähige Materialien bieten vermeidbare Angriffsflächen für engagierte Stakeholder.

Zieht man in Betracht, dass zu den wichtigsten Motiven von Unternehmen, sich nachhaltig auszurichten, die Steigerung ihrer Reputation gehört, wird die hohe Bedeutung der Berücksichtigung nachhaltigkeitsorientierter Risiken besonders deutlich.

Letztlich gibt es also viele gute Gründe, warum Nachhaltigkeit zwingend auf die CFO-Agenda gehört. Es ist Kennzeichen aller strategischen Themen, dass sie Bestandteil des strategischen Zielesystems sind und entsprechend gemessen, gesteuert und kontrolliert werden; Nachhaltigkeit gehört definitiv dazu. Wollen Unternehmen die großen Chancen einer nachhaltigen Unternehmensführung vollumfänglich nutzen, führt am CFO kein Weg vorbei. ■

Dr. Thomas Schulz ist Inhaber der BNU Beratung für Nachhaltige Unternehmensführung.

Zwischen Employer-Branding und Mitarbeitermotivation

Unternehmen, die künftig als Arbeitgeber erfolgreich sein wollen, müssen zielgerichteter als bislang agieren. Sie müssen verstehen, wer sie sind und was für ihre Zielgruppen – aktuell vor allem aus der Generation Y – wichtig ist. **Michael Eger** führt im Zusammenhang mit Corporate Responsibility auf, wie die Bedeutung des Themas für die eigene Attraktivität als Arbeitgeber einzuschätzen ist – und wie Kommunikations- und Gestaltungsmaßnahmen darauf auszurichten sind.

Längst haben sich in der Arbeitswelt die Machtverhältnisse hin zu den Talenten verschoben. Selbst wenn das Schlagwort vom allgemeinen „Fachkräftemangel" umstritten ist: Es gibt kaum mehr ein Unternehmen, das nicht zumindest in einigen erfolgskritischen Zielgruppen spürt, dass der Wettbewerb um Talente schärfer wird. Die aktuellen Veränderungen am Arbeitsmarkt zwingen Unternehmen zunehmend, sich mit ihrer Positionierung als Arbeitgeber auseinanderzusetzen. Die Wahrnehmung als attraktiver Arbeitgeber in den erfolgskritischen Zielgruppen wird zum Faktor für den unternehmerischen Erfolg. Alle Unternehmen – unabhängig von Produkten, Branche oder Größe – müssen sich künftig einer Kernfrage stellen: „Wofür stehe ich als Arbeitgeber?" Was zunächst einfach klingt und scheinbar in jeder Stellenanzeige beantwortet wird, erweist sich bei genauerem Hinsehen als schwierig. Hauptaufgabe ist Differenzierung. Oft gibt es dabei kaum Hinweise zu Besonderheiten des Arbeitgebers. Eine Auseinandersetzung mit den Wünschen und Wertvorstellungen der potentiellen Mitarbeiter findet nicht statt.

Ehrliche Auseinandersetzung mit der eigenen Arbeitgeberattraktivität

Voraussetzung für ein richtig verstandenes Employer-Branding ist, dass eine entsprechende Analyse durchgeführt wird. Unternehmen müssen sich realistisch mit ihren Stärken und Schwächen auseinandersetzen und diese Eigenschaften ins Verhältnis zu den Präferenzen der für sie wichtigen Zielgruppen setzen: Passen das Angebot des Unternehmens und die Nachfrage potentieller Bewerber gut zusammen? Kann sich das Unternehmen mit diesen Themen zudem von den Wettbewerbern auf dem Arbeitsmarkt differenzieren? Dann kann das Unternehmen die Alleinstellungsmerkmale in einer „Employer Value Proposition" (EVP) formulieren. Diese EVP bildet die Grundlage für die Arbeitgeberkommunikation nach innen und außen und stellt sicher, dass das Unternehmen sich in der Kommunikation nicht in Allgemeinplätzen („tolles Arbeitsklima") verliert. Eine EVP baut auf den tatsächlichen Eigenschaften des Unternehmens auf („authentisch"), setzt diese ins Verhältnis zu den Wünschen und Vorstellungen der

Mit glaubwürdigen CR-Aktivitäten können Arbeitgeber bei der Generation Y punkten.

Foto: Prykhodov/iStock/Thinkstock

Zielgruppen („relevant") und betrachtet die Differenzierungspotentiale zum Wettbewerb („differenzierend").

Im Kontext von CR bedeutet das, dass Unternehmen verstehen müssen, welche Bedeutung „Sinn", „soziale Verantwortung" und „Nachhaltigkeit" für ihre Attraktivität als Arbeitgeber haben und in welchem Verhältnis sie zu den anderen Faktoren stehen.

1. Authentizität: Was hat das Unternehmen tatsächlich im Hinblick auf CR-Themen zu bieten?

Überprüft werden kann die Authentizität der möglichen Positionierung mit CR-Themen vor allem im Dialog mit den aktuellen Mitarbeitern. Denn in einem ganzheitlichen Verständnis von Arbeitgeberattraktivität sind Employer-Branding (nach außen) und das Thema Retention (nach innen) untrennbar miteinander verbunden. Der Zwang zur Authentizität schränkt die EVP immer ein. Eine unrealistische EVP wird nach innen nicht funktionieren und nach außen nur in beschränktem Umfang. Social Media ermöglichen heute einen Einblick in jedes Unternehmen. Fallen die angestrebte Positionierung und das Bild der Mitarbeiter zu weit auseinander, entstehen Dissonanzen, die erfolgreiches Recruiting erschweren.

Am Ende eines solchen Prozesses sollte daher immer eine Bewertung erfolgen: Nehmen die Mitarbeiter die sozialen oder ökologischen Aktivitäten ihres Arbeitgebers überhaupt war? Ist die Positionierung auch spürbar und ehrlich – oder sollen Schwächen durch vorgeschobene Aktivitäten übertüncht werden? Es ist vor diesem Hintergrund nicht

Anforderungen der Generation Y an einen potentiellen Arbeitgeber

(Angaben von Befragten, wie wichtig ihnen die aufgeführten Eigenschaften/Angebote bei der Wahl ihres zukünftigen Arbeitgebers sind; hier: Antworten „sehr wichtig" bis „eher wichtig", n = 1.011–1.027, Missing 4–20)

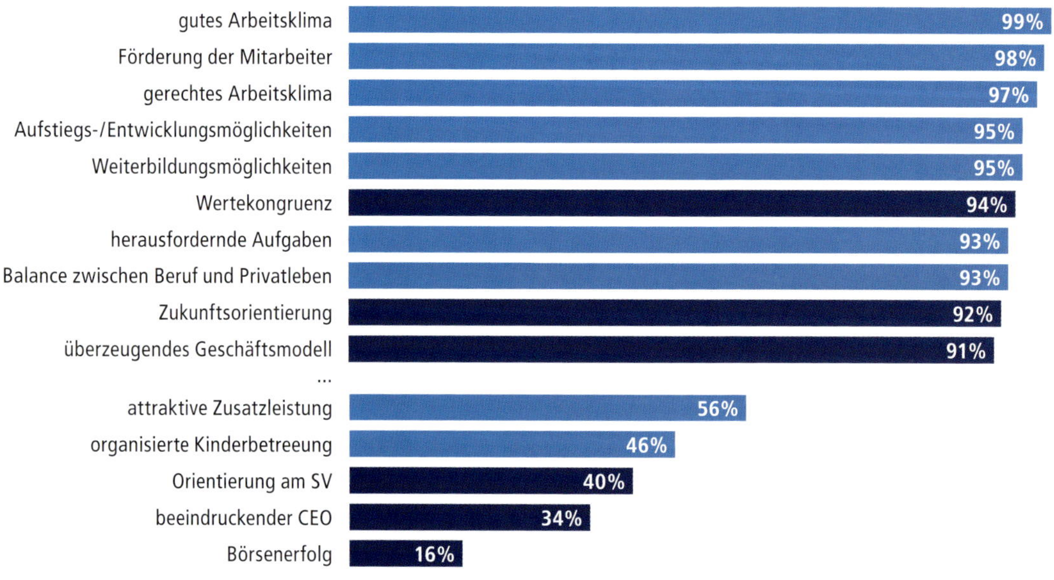

Quelle: Enactus-Studie 2014: Das Arbeitgeberwahlverhalten der Generation Y

nötig, immer nur den Ist-Zustand zu vermitteln. Wichtig ist vielmehr die ehrliche Bewertung, wo Realität dargestellt wird und wo ein Anspruch formuliert wird. Wurden aus der Analyse der Unternehmenseigenschaften Schwächen offenbar, so ist es teilweise möglich, durch die Arbeit an diesen die Positionierung direkt und ohne großen Aufwand zu optimieren. Wichtig ist dabei, dass die Schwächen tatsächlich angegangen werden – und damit wirklich Arbeit an der Substanz beginnt (wie z.B. an Karrierepfaden, der internen Kommunikation, Führung oder auch an Themen aus dem Kontext Corporate Responsibility).

2. Relevanz: Welche Bedeutung haben CR-Themen für Bewerber?

Gerade für die jüngeren Zielgruppen rücken der Sinn der Arbeit und unternehmerische Verantwortung zunehmend in den Mittelpunkt des Interesses (siehe Abbildung).

Zu den beliebtesten Arbeitgebern gehören längst nicht mehr nur karriereorientierte Unternehmensberatungen oder Industrieunternehmen, sondern zunehmend auch Non-Profit-Organisationen. Verschiedene Studien weisen sogar darauf hin, dass dieser Trend generationenübergreifend gilt, nicht nur für die vielzitierte Generation Y. Für die meisten Zielgruppen ist die Mischung der Eigenschaften entscheidend: Es sind selten nur die Themen aus dem Kontext CR, die Mitarbeiter reizen. Bietet ein Unternehmen jedoch auch in anderen Bereichen Leistungen und Rahmenbedingungen, die für die Zielgruppen relevant sind, kann der Kontext ehrlich vermittelter Corporate Responsibility der Positionierungsaspekt sein, der das Unternehmen von anderen unterscheidet.

3. Differenzierung: Kann das Unternehmen als Arbeitgeber mit CR-Themen einen Unterschied machen?

Spielt Corporate Responsibility bei den Präferenzen der Zielgruppen eine Rolle, so ist es kaum möglich, diese Rahmenbedingungen einfach kurzfristig zu „schaffen", um den Wünschen der Zielgruppe zu begegnen. Es ist vielmehr sinnvoll, bestehende Aktivitäten in den Kontext der Arbeitgeberattraktivität zu setzen und vorhandene Stärken in diesem Bereich auszubauen. Gerade Familienunternehmen sind beispielsweise häufig zurückhaltend in der Kommunikation ihrer CR-Aktivitäten.

Für das Employer-Branding gilt jedoch „Tue Gutes, und rede darüber", wenn die Aktivitäten für die Zielgruppen in einem wichtigen Zusammenhang stehen. Entsprechende Aktivitäten sind umso glaubwürdiger, je mehr sie sich mit den übrigen Positionierungselementen verbinden lassen. Ist ein Familienunternehmen beispielsweise nach innen großzügig gegenüber den Mitarbeitern und nimmt auch organisatorisch Rücksicht auf familiäre Belange, so wirkt soziales Engagement nach außen verstärkend. Es signalisiert Mitarbeitern wie Bewerbern, dass derartige Aktivitäten für das Unternehmen nicht nur ein Lippenbekenntnis sind, sondern dass das Thema tatsächlich wichtig und an den verschiedensten Berührungsprunkten mit dem Unternehmen spürbar ist. Insofern ist es wichtig, die Kommunikation und durchaus auch die Aktivitäten dahingehend auszubauen – um insgesamt konsistent zu sein und auch in der Arbeitgeberkommunikation erlebbare „Beweise" für das Positionierungselement „Soziales Engagement" zu schaffen.

Daher ist es auch wichtig, dass die für Employer-Branding und CR zuständigen Bereiche zusammenarbeiten. Die Verantwortlichen für Employer-Branding müssen definieren, welche Themen sich als Proof-Points oder Verstärker für die Arbeitgeberpositionierung eignen. Wenn die CR-Verantwortlichen um die Bedeutung wissen und dies bei ihrer Aktivitätenplanung berücksichtigen, steht einer zielgerichteten Nutzung der CR-Maßnahmen nichts mehr im Weg.

Insgesamt hinterfragen bislang noch recht wenige Unternehmen die Wichtigkeit von CR-Aktivitäten für ihre Zielgruppen. An den Hochschulen wird das steigende Interesse der zukünftigen Arbeitnehmer bereits verstärkt sichtbar. Das ehrenamtliche Engagement ist bei der Gruppe der Studierenden besonders ausgeprägt. Die Non-Profit-Organisation Enactus, eine Initiative, die gemeinsam mit Studierenden und Unternehmen gemeinnützige Projekte durchführt, ist mittlerweile z.B. in Deutschland an rund 40 Hochschulen vertreten. Derartige Initiativen zeigen Unternehmen beispielhaft, wo Anknüpfungspunkte für ihr soziales Engagement und die Einbindung der jungen, gut ausgebildeten Arbeitnehmerzielgruppe bestehen. Selbst wenn CR-Aktivitäten nicht zwangsläufig das wichtigste Positionierungskriterium als Arbeitgeber sind, ergänzen sie jedoch die „Hygienefaktoren" bei der Auswahl des Arbeitgebers entscheidend, weil immer weniger Talente bereit sind, für ausgesprochen schlecht beleumundete Arbeitgeber zu arbeiten. ■

Michael Eger ist Partner der Promerit AG.

Nicht dasselbe, aber das Gleiche?

Wenn die „CSR-Leiterin" und der „Leiter Unternehmensverantwortung" im Jahrbuch „Corporate Responsibility" von „Nachhaltigkeit" sprechen, kann man leicht durcheinanderkommen. Wo sind dabei die Gemeinsamkeiten? Welche Unterschiede gibt es? **Kai Praum** versucht, die Begriffe anhand ihrer Ursprünge abzugrenzen, und wagt einen Blick in die Zukunft.

Mitunter geht es Begriffen ja wie Unternehmen: Genauso, wie Personen oder Gruppen Ansprüche an Unternehmen stellen, haben auch die Begriffe „Corporate (Social) Responsibility" und „Nachhaltigkeit" sowie deren Bedeutung viele Stakeholder – Anspruchsgruppen aus Unternehmen, Politik, Zivilgesellschaft und Wissenschaft, die jeweils eigene Anliegen und Deutungen haben.

Corporate (Social) Responsibility

Während vor allem in Europa von Seiten der Politik, aber auch in der Wissenschaft vermehrt von „Corporate Social Responsibility" (CSR) gesprochen wird, verzichten Unternehmen in ihrem offiziellen Sprachgebrauch immer noch häufig auf das Attribut „social". Bei den inzwischen eingerichteten Stabsstellen

Historische Entwicklung der CSR- und der Nachhaltigkeitsdebatte

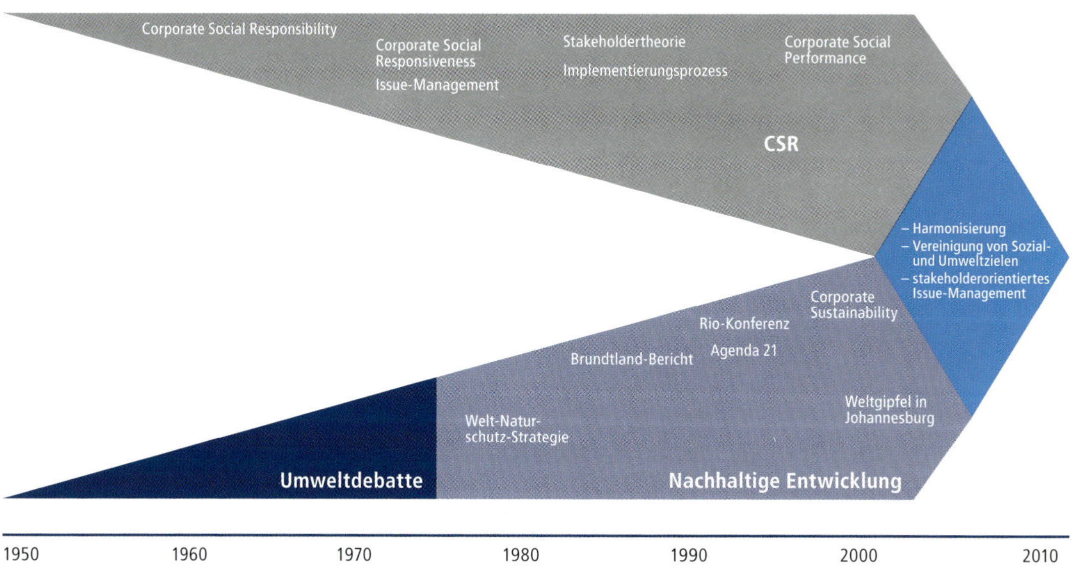

Quellen: future e.V. und IÖW

hat sich für die einheitliche Außendarstellung vielfach der verkürzte Begriff „Corporate Responsibility" (CR) durchgesetzt. Doch woher kommt das?

Für die zum Teil bewusste Abgrenzung dieser beiden Begriffe scheinen zwei Erklärungen am augenscheinlichsten. Zum einen ist der CSR-Begriff in seinen Ursprüngen in den USA eng verbunden mit philanthropischen Bemühungen von Unternehmern. Die unternehmerische Verantwortung sollte im Laufe der Zeit weitere Kompetenzen umfassen, wie z.B. Corporate Governance, und Anforderungen aus dem ökologischen Bereich gerecht werden. Dadurch entstand der CR-Begriff, als übergeordnete Kategorie und in Abgrenzung zum CSR-Begriff im Sinne der reinen sozialen Verantwortung. Des Weiteren kommt in Europa, und vor allem im deutschsprachigen Raum, hinzu, dass das englische Wort „social" in CSR missverständlich mit „sozial" im Sinne der sozialen Verantwortung oder des sozialen Engagements übersetzt wird. Gemeint ist aber die (gesamt-)gesellschaftliche Verantwortung. Zu finden ist diese Deutung auch in der jüngsten CSR-Definition der EU-Kommission von 2011: „CSR ist die Verantwortung von Unternehmen für ihre Auswirkungen auf die Gesellschaft."[1] Bereits 2001 hatte die EU die Ursprünge dieser Definition in ihrem Grünbuch formuliert und sich dabei eindeutig auf die gesellschaftliche Verantwortung der Unternehmen unter Berücksichtigung von sozialen Belangen und Umweltbelangen gleichermaßen bezogen[2].

Entgegen der weitverbreiteten Meinung hierzulande ist CSR also mehr als die Dimension der sozialen Verantwortung und umfasst nicht ausschließlich das gesellschaftliche Engagement von Unternehmen. Moderne wissenschaftliche Konzepte fassen diese Bereiche als Teilbereiche unter dem Dach von CSR zusammen. Hinzu kommen die Dimensionen der ökonomischen und ökologischen Verantwortung von Unternehmen. CR und CSR können in diesem Sinne also synonym verwendet werden. Als eine weitere, zudem globale Referenz kann die ISO-Norm 26000 herangezogen werden. Mit dem „Leitfaden zur gesellschaftlichen Verantwortung von Organisationen" geht sie sogar über die reine Unternehmensperspektive hinaus; sie lässt in ihrer Definition das „C" weg und spricht von „Social Responsibility" (SR) als „Verantwortung einer Organisation für die Auswirkungen ihrer Entscheidungen und Tätigkeiten auf die Gesellschaft und Umwelt durch transparentes Verhalten, das

- zur nachhaltigen Entwicklung, Gesundheit und Gemeinwohl eingeschlossen, beiträgt;
- die Erwartungen der Anspruchsgruppen berücksichtigt;
- einschlägiges Recht einhält und mit internationalen Verhaltensstandards übereinstimmt; und
- in der gesamten Organisation integriert ist und in ihren Beziehungen gelebt wird."[3]

Verbindung von CSR und Nachhaltigkeit

In der ISO-Norm taucht nun auch der Begriff der „nachhaltigen Entwicklung" auf. Betrachtet man diesen näher, stößt man unweigerlich auf den Brundtland-Bericht, benannt nach der ehemaligen norwegischen Ministerpräsidentin Gro Harlem Brundtland. Der 1987 unter ihrem Vorsitz von der Weltkommission für Umwelt und Entwicklung der Vereinten Nationen veröffentlichte Bericht legte den Grundstein für die Definition von nachhaltiger Entwicklung bzw. Nachhaltigkeit in seiner heutigen Form. Wird der Begriff zunächst meist im internationalen politischen Diskurs verwendet, entwickeln sich in den Folgejahren Modelle und Konzepte, die auch in den Wirtschaftswissenschaften und somit auch in der Managementlehre zunehmend an Bedeutung gewinnen. Es setzt sich dabei, wenn auch nicht gänzlich unumstritten, das Drei-Säulen-Modell der Nachhaltigkeit als theoretisches Konzept durch. Als die drei Dimensionen der Nachhaltigkeit sind dabei die ökologische, die ökonomische und die soziale Nachhaltigkeit definiert, die sich gegenseitig bedingen und durch gleichberechtigte und gleichzeitige Umsetzung nachhaltige Entwicklung ermöglichen.[4] International wird häufig von der „Triple Bottom Line" gesprochen, ein Begriff, der von John Elkington geprägt wurde. In der Gewinn-und-Verlust-Rechnung ist die „Bottom Line" das (ökonomische) Ergebnis unter dem Strich. Elkington arbeitet mit diesem Bild und erweitert die ökonomische Dimension mit der ökologischen und der gesellschaftlichen Dimension um zwei weitere „Bottom Lines".

Spätestens an diesem Punkt sind Nähe und Überschneidung zum modernen CSR-Konzept offensichtlich. Auch wenn beide Konzepte unterschiedliche historische Wurzeln haben, sind sie auf unternehmerischer Ebene miteinander verbunden. CSR auf makroökonomischer Ebene entspricht demnach dem Konzept der nachhaltigen Entwicklung und CSR auf mikroökonomischer Ebene dem Konzept der nachhaltigen Unternehmensführung.[5]

CSR und Nachhaltigkeit im Unternehmen

Neben den unterschiedlichen Begriffsdefinitionen versucht die Wissenschaft zudem, Unternehmensaktivitäten mit Blick auf das CSR-Konzept möglichst genau einzugrenzen und zu definieren. Unter CSR sind demnach Engagement und Aktivitäten zu verstehen, die systematisch und geplant sind und über die reine Einhaltung von Gesetzen hinausgehen. Dieser Handlungsspielraum geht einher mit dem Prinzip der Freiwilligkeit. Damit aus Freiwilligkeit nicht Beliebigkeit oder Unverbindlichkeit wird, verpflichten sich Unternehmen jedoch häufig aktiv selbst zur Einhaltung international anerkannter Standards oder Leitlinien wie der ISO 26000 oder den zehn Prinzipien des UN Global Compacts. Gleichzeitig enden die CSR-Aktivitäten von Unternehmen aber eben auch da, wo sie gesetzlich verpflichtend sind oder werden.[6]

Sind die konzeptionellen Grundlagen klar und die Handlungsspielräume definiert, ist es für Unternehmen möglich, mit einer systematischen Umsetzung von CSR zur nachhaltigen Entwicklung beizutragen. Ein allgemeingültiges Patentrezept gibt es dabei jedoch nicht. Dafür reicht schon allein ein Blick auf die unterschiedlichen Herausforderungen einzelner Unternehmen aus verschiedenen Branchen. Ein produzierendes Unternehmen beschäftigt sich unweigerlich mit CO_2-Emissionen, wohingegen beim Handel der Arbeitsschutz und die Menschenrechte in der Lieferkette mehr unter die Lupe genommen werden. Dies sind nur zwei Beispiele für Anliegen, die innerhalb eines Unternehmens eine Rolle spielen; jedes Unternehmen sollte dabei seine eigene Strategie finden, indem es die wesentlichen Bereiche für das eigene Kerngeschäft herausarbeitet.

Zukunftsperspektive CSR und Nachhaltigkeit

Beim Blick in die Zukunft von CSR und Nachhaltigkeit lässt sich ein differenziertes Bild feststellen. Die einen sehen CSR-Strategien als den großen Wurf für eine nachhaltige Unternehmensführung, andere wiederum „nur" als einen wirkungsvollen Baustein von vielen. Beim „Reifegradmodell CSR" von Andreas Schneider ist die Skala nach oben hin offen, da die Weiterentwicklungsmöglichkeit des Modells mitgedacht ist (siehe Abbildung). In der bisher höchsten Stufe (CSR 3.0) sieht Schneider das Unternehmen als proaktiven politischen Gestalter. Unternehmen, die heute als Vorreiter im Bereich CSR und Nachhaltigkeit angesehen werden, werden nach diesem Modell meist noch eine Stufe tiefer (CSR 2.0) eingeordnet. Hier ermöglicht CSR

Nach oben hin offene Pyramide des CSR-Reifegradmodells: von CSR 0.0 zu CSR 3.0

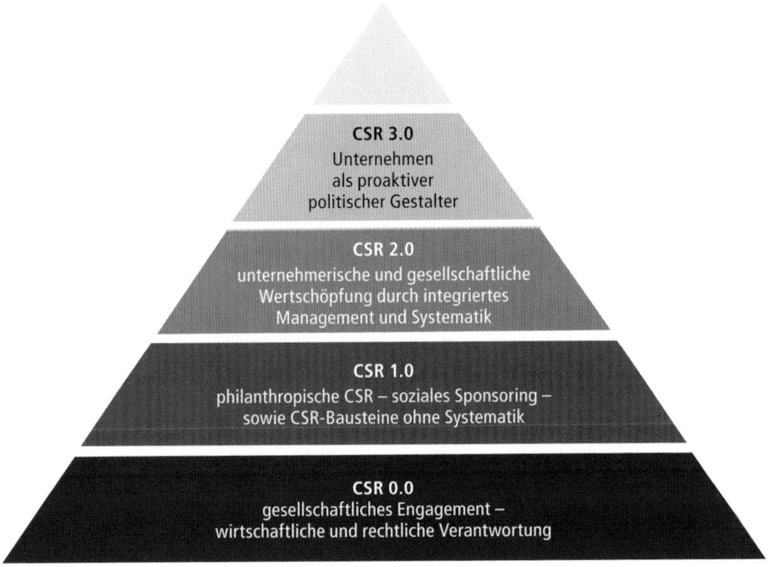

Quelle: Schneider (2015): S. 33

unternehmerische und gesellschaftliche Wertschöpfung durch integriertes Management und systematische Umsetzung der CSR-Maßnahmen.[7] HBS-Professor Kasturi Rangan und Kollegen verkünden in einer kürzlich erschienen Ausgabe des „Harvard Business Manager" jedoch eine andere „Wahrheit über CSR"[8]. Programme zur gesellschaftlichen Verantwortung seien demnach nicht explizit dafür gemacht, einen wirtschaftlichen Zweck zu übernehmen. Wenn die Aktivitäten einen wirtschaftlichen Ergebnisbeitrag leisten, dann sei dies eben nur ein begrüßenswerter Nebeneffekt. Auf der Basis jahrelang gesammelter Fallstudien und einer aktuellen Befragung empfehlen die Autoren, mit dem Sammelsurium an CSR-Aktivitäten aufzuräumen und es zu sortieren. Für eine aufeinander abgestimmte CSR-Strategie in Unternehmen reicht zur optimalen Wirkung demnach eine Gliederung in drei Einsatzbereiche: Philanthropie, operative Verbesserung und Entwicklung nachhaltiger Geschäftsmodelle.[9] Auch in Zukunft liegt es also an den Unternehmen selbst, welche Richtung sie mit ihrer CSR-Strategie einschlagen wollen, um zu einer nachhaltigen Entwicklung beizutragen. ■

Kai Praum ist Redakteur des Magazins „Verantwortung Zukunft" bei der FRANKFURT BUSINESS MEDIA GmbH – Der F.A.Z.-Fachverlag.

1 EU-Kommission (2011): Eine neue EU-Strategie (2011–14) für die soziale Verantwortung der Unternehmen (CSR).

2 EU-Kommission (2001): Grünbuch. Europäische Rahmenbedingungen für die soziale Verantwortung der Unternehmen.

3 DIN ISO 26000 (2011): Leitfaden zur gesellschaftlichen Verantwortung von Unternehmen. Beuth Verlag, Berlin, S. 11.

4 Wissenschaftliche Dienste des Deutschen Bundestages (2004): Nachhaltigkeit. Der aktuelle Begriff, Nr. 06/2004 , Berlin.

5 Schneider, Andreas (2015): Reifegradmodell CSR – eine Begriffsklärung und -abgrenzung. In: Schneider, Andreas/Schmidpeter, René (Hrsg): Corporate Social Responsibility. Verantwortungsvolle Unternehmensführung in Theorie und Praxis. Springer-Verlag, Berlin, Heidelberg, S. 21–42.

6 ebd.

7 ebd.

8 Ragnan, K./Chase, L./Karim, S. (2015): Bene cum bene facere – Die Wahrheit über CSR. In: Harvard Business Manager, Ausgabe April 2015, S. 58–67.

9 ebd.

CORPORATE RESPONSIBILITY

TRENDBEFRAGUNG

Integriert, strategisch und freiwillig

Im November 2014 haben AmCham Germany und FRANKFURT BUSINESS MEDIA eine Befragung zur Bedeutung von Corporate Responsibility (CR) für den Unternehmenserfolg durchgeführt. Die Antworten der 58 Entscheider zeigen über Branchengrenzen hinweg Trends auf, die Aufschluss darüber geben, welche Bedeutung CR beigemessen wird, wie das breite Themenspektrum der unternehmerischen Verantwortung in den Unternehmen institutionell verankert ist und welche Entwicklungen in den kommenden Jahren zu erwarten sind.

Die Ergebnisse der Trendbefragung spiegeln aufgrund der Charakteristika der Stichprobe in erster Linie die Situation bei global agierenden Großkonzernen wider. Diese Unternehmen sind den globalen Megatrends und Entwicklungen ausgesetzt und stehen zu großen Teilen im Blickpunkt der Öffentlichkeit. Sie zeigen, wie sie dieser unternehmerischen Verantwortung begegnen.

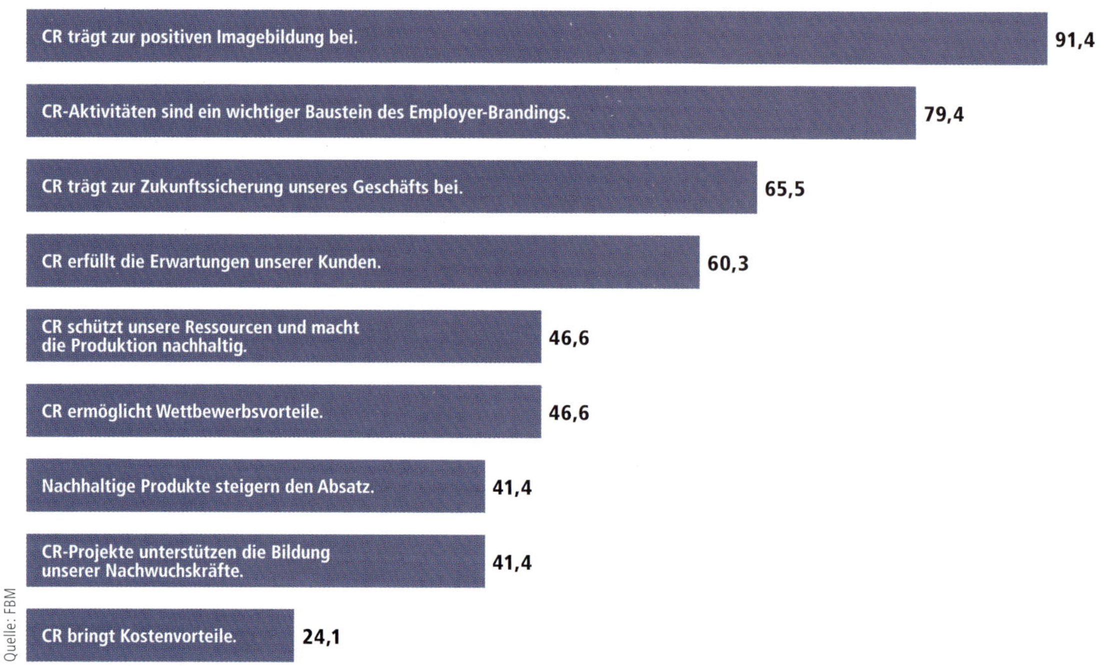

Abbildung 1: Warum sind CR-Aktivitäten für den Erfolg Ihres Unternehmens relevant?
(Angaben in Prozent; Mehrfachnennungen möglich)

CR als Erfolgsfaktor

Corporate Responsibility hat für 91,4 Prozent der Befragten einen wichtigen bis sehr wichtigen Stellenwert für ihr Unternehmen. Fast die Hälfte bemisst CR dabei sogar einen sehr wichtigen Stellenwert bei, und fast 90 Prozent sind der Meinung, dass die Bedeutung in den vergangenen zehn Jahren gestiegen ist.

91,3 Prozent der Befragten sind der Meinung, dass CR für den Erfolg ihres Unternehmens wichtig oder sehr wichtig ist. Abbildung 1 gibt Aufschluss darüber, warum die Befragten CR-Aktivitäten als relevant für den Erfolg ihres Unternehmens erachten. An den vorderen Stellen stehen dabei mittelbare Aspekte wie Image, Employer-Branding und Zukunftssicherung, aber bereits als ähnlich relevant wird CR eingeschätzt, wenn es um die Erfüllung der Kundenerwartung geht.

Für weitere unmittelbare Aspekte wie Wettbewerbsvorteile und Absatzsteigerung sehen fast die Hälfte der Befragten CR als relevanten Erfolgsfaktor an. Etwas abgeschlagen rangiert die Bedeutung für die Kostenvorteile. Aber auch hier sieht ein Viertel der Befragten Potentiale von CR-Aktivitäten für den Erfolg ihres Unternehmens.

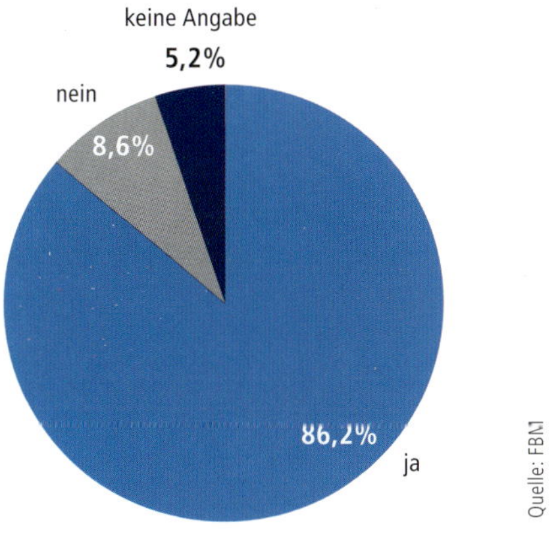

Abbildung 2: Ist CR in der Strategie Ihres Unternehmens verankert?

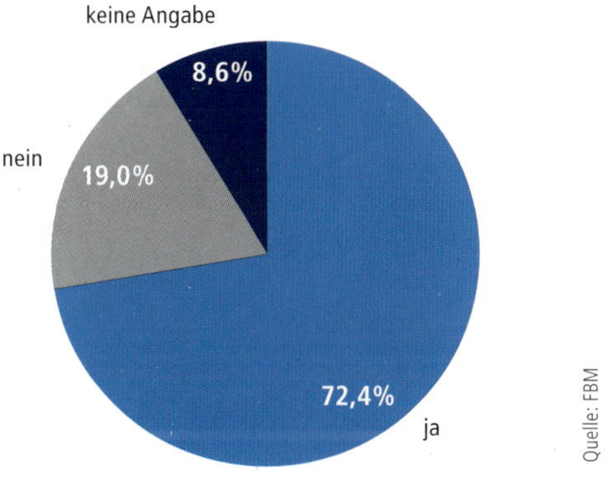

Abbildung 3: Liegt den CR-Aktivitäten Ihres Unternehmens ein Kodex zugrunde?

Organisation von CR im Unternehmen

Bei 86,2 Prozent der Teilnehmer der Trendbefragung ist eine CR-Strategie im eigenen Unternehmen verankert (siehe Abb. 2), und bei 72,4 Prozent liegt den CR-Aktivitäten auch ein Kodex zugrunde (siehe Abb. 3). Über Nachhaltigkeit berichten insgesamt 81 Prozent der Unternehmen, 50 Prozent in einem separaten Nachhaltigkeitsbericht und 31 Prozent in einem integrierten Geschäftsbericht (siehe Abb. 4).

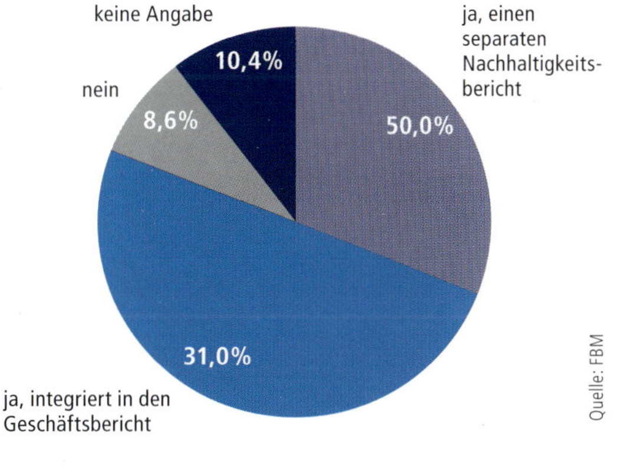

Abbildung 4: Verfasst Ihr Unternehmen einen Nachhaltigkeitsbericht?

In 40,4 Prozent der Unternehmen ist ein CR-Leiter oder eine eigene Abteilung für die CR-Aktivitäten verantwortlich, in 29,8 Prozent die Geschäftsführung oder der Vorstand, in weiteren 19,3 Prozent der Unternehmen übernimmt die Kommunikations- oder PR-Abteilung diese Aufgabe (siehe Abb. 5).

CR ist in den meisten Unternehmen inzwischen integraler und institutioneller Baustein der Unternehmensführung. Eigene CR-Abteilungen haben sich vermehrt herausgebildet. Fast die Hälfte der beteiligten Unternehmen der Trendbefragung hat demnach einen eigenständigen Geschäftsbereich für CR. Aufgrund des hohen Stellenwerts des Themas ist es in immerhin fast einem Drittel der Unternehmen direkt in der Führungsetage verankert.

CR ist als Querschnittsaufgabe zudem gut vernetzt innerhalb des Unternehmens. Schaut man sich dazu die weiteren Geschäftsbereiche an, die implizit durch die CR-Aktivitäten berührt und durchdrungen werden, ergibt sich laut den Befragten folgendes Bild:

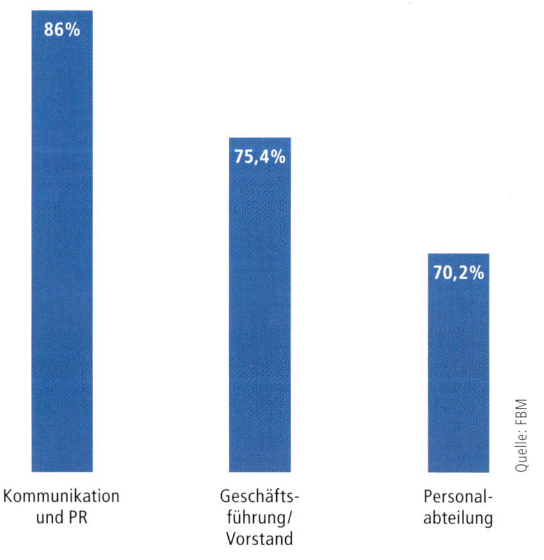

Abbildung 6: Welche Person(en) bzw. Abteilung(en) sind an den CR-Aktivitäten Ihres Unternehmens darüber hinaus (implizit) beteiligt? (Mehrfachnennungen möglich)

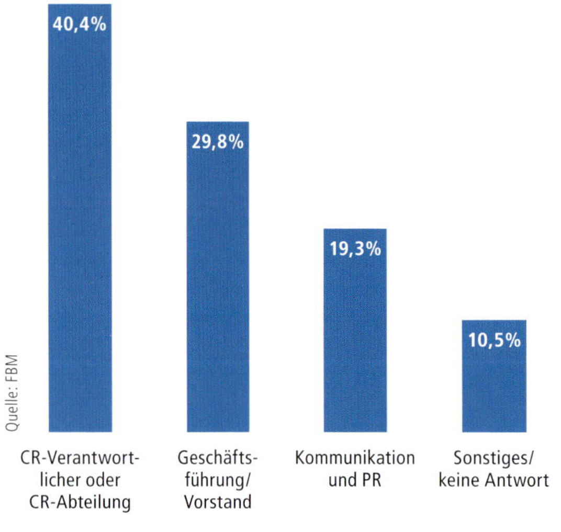

Abbildung 5: Welche Person bzw. Abteilung ist für die CR-Aktivität Ihres Unternehmens explizit verantwortlich?

Die Kommunikations- und PR-Abteilungen sind demnach bei den meisten Befragten über die Hauptverantwortlichen hinaus an CR-Aktivitäten beteiligt. Wenn auch viele Aufgaben einer CR-Abteilung die Kernkompetenzen einer Kommunikationsabteilung überschreiten, so ist und bleibt CR auch eine kommunikative Aufgabe im steten Dialog mit den Anspruchsgruppen innerhalb und außerhalb des Unternehmens. Am zweithäufigsten nennen die Befragten mit Geschäftsführung und Vorstand die Unternehmensführung selbst: CR ist in vielen Unternehmen Chefsache. An dritter Stelle werden die Personalabteilungen genannt. Corporate Volunteering, aber auch das bereits angesprochene Employer-Branding sind nur zwei Beispiele, bei denen die HR-Abteilung CR-Aktivitäten unterstützt bzw. beide Seiten vom Austausch miteinander profitieren (siehe Abb. 6).

Für einen Großteil der befragten Unternehmen lässt sich die Organisation von CR wie folgt zusammenfassen:

- CR ist strategisch in den Unternehmen verankert.
- Die Unternehmen gehen freiwillige Selbstverpflichtungen zur Einhaltung anerkannter Standards ein.
- Durch die Berichterstattung entsteht eine hohe Transparenz im Bereich Nachhaltigkeit.
- CR ist inzwischen institutionalisiert, von hoher Bedeutung und eine Führungsaufgabe.
- CR ist als Querschnittsaufgabe gut im Unternehmen vernetzt.

Unternehmensbezogenes CR-Verständnis

Gefragt nach dem Verständnis von unternehmerischer Verantwortung im eigenen Unternehmen, hatten die Teilnehmer unterschiedliche Definitionen zur Auswahl: zum einen die gängigen Definitionen von ganzheitlichen, modernen Konzepten von Corporate Responsibility bzw. Nachhaltigkeit, die sich auf die soziale, ökologische und ökonomische Dimension unternehmerischer Verantwortung beziehen, und zum anderen Definitionen, die dem Corporate-Governance- bzw. dem Corporate-Citizenship-Ansatz entsprechen. Beim CG-Ansatz liegt der Fokus auf einer transparenten und guten Unternehmensführung, beim CC-Ansatz auf dem bürgerschaftlichen und sozialen Engagement. Dabei handelt es sich um zwei Konzepte, die im modernen CR-Verständnis bereits subsumiert sind (siehe „CR, CSR und Nachhaltigkeit – Nicht dasselbe, aber das Gleiche?", S. 40–43).

74,1 Prozent der Befragten geben an, dass ihr Unternehmen von einem ganzheitlichen CR-Verständnis geprägt ist, während 24,1 Prozent eher dem CG- bzw. CC-Ansatz folgen. Das Verständnis von unternehmerischer Verantwortung ist in den beteiligten Unternehmen also bereits weit vorangeschritten und geht in der Regel über gute und transparente Unternehmensführung und soziales Engagement hinaus.

CG und CC sollen an dieser Stelle nicht abgewertet werden, denn sie sind ebenso entscheidende wie wichtige Bausteine auf dem Weg zu einer nachhaltigen Unternehmensführung mit einem allumfassenden CR-Verständnis.

CR-Aktivitäten gestern, heute und morgen

Abbildung 7 (siehe S. 50) gibt Aufschluss darüber, in welchen CR-Bereichen die Unternehmen besonders aktiv waren, heute sind und nach Einschätzung der Befragten in den kommenden zehn Jahren sein werden.

Die ökologische Dimension von CR erhält dabei über die Jahre hinweg und auch beim Blick in die Zukunft einen beinahe konstant hohen Stellenwert mit bis zu zwei Drittel Zustimmung. Deutlich zugenommen haben dabei die Aktivitäten im Bereich der Energieeffizienz und der erneuerbaren Energien. Für diesen Bereich sehen die Teilnehmer auch noch weiteres Steigerungspotential in den kommenden zehn Jahren.Bei der sozialen Dimension waren und sind Aktivitäten im Bereich CG und CC die Säulen. Ungefähr zwei Drittel der Unternehmen waren, sind und werden in den Bereichen bürgerschaftliches Engagement, Bildung, Kultur, Wissenschaft und Ethik aktiv sein. Insbesondere Fragen nach sozialer Gerechtigkeit, Diversity und Gesundheit werden in den Augen der Teilnehmer zudem in Zukunft immer wichtiger. Der Einsatz für eine nachhaltige Entwicklung in Industrie-, Schwellen- und Entwicklungsländern gleichermaßen und der demographische Wandel vor allem in Europa spielen bei dieser Beurteilung gewiss eine Rolle. Insgesamt ist zu beobachten, dass Aspekte der ökonomischen Dimension von CR in Zukunft deutlich in den Vordergrund treten werden. Bei der Verankerung von Nachhaltigkeit im Kerngeschäft sehen 71,9 Prozent der Befragten in Zukunft einen Schwerpunkt in ihrem Unternehmen. Mit 22,8 Prozentpunkten ist das die deutlichste Steigerung im Vergleich zum Ist-Zustand.

CR im Überblick

Corporate Responsibility ist für beinahe alle Teilnehmer dieser Befragung inzwischen ein wichtiger und integrierter Bestandteil der Unternehmensführung und wird durchaus als relevant für den Unternehmenserfolg bewertet. In vielen der an der Umfrage beteiligten Unternehmen hat sich mittlerweile eine eigene CR-Abteilung etabliert, oder die Unternehmensführung ist direkt für Corporate Responsibility verantwortlich.

Die Vielzahl an implizit beteiligten Geschäftsbereichen deutet darauf hin, dass CR als Querschnittsaufgabe gut innerhalb des Unternehmens vernetzt ist. Das hohe Maß an Selbstverpflichtung und Berichterstattung weist auf einen transparenten und aktiven Umgang mit CR hin.

Zudem verfolgt ein Großteil der Unternehmen einen holistischen CR-Ansatz, der soziale, ökonomische und ökologische Nachhaltigkeit umfasst. Die Teilnehmer erwarten, dass künftig insbesondere die ökologische und die ökonomische Dimension von CR an Bedeutung gewinnen und dass die Unternehmen ihre Aktivitäten in diesen Bereichen ausbauen werden. Zudem sieht die Mehrheit der Befragten künftig einen Schwerpunkt bei der Verankerung von Nachhaltigkeit im Kerngeschäft.

	in den vergangenen zehn Jahren	**heute**	**in den kommenden zehn Jahren**
Umwelt- und Klimaschutz	68,4%	66,7% –1,7↘	64,9% –1,8↘
Material- und Ressourceneffizienz	56,1%	57,9% +1,8↗	59,7%
Energieeffizienz und erneuerbare Energien	47,4%	57,9% +10,5↗	63,2% +5,3↗
Einkommen, Vermögen und soziale Gerechtigkeit	17,6%	14% –3,6↘	28,1% +14,1↗
bürgerschaftliches Engagement, Bildung, Kultur, Wissenschaft, Ethik	68,4%	63,2% –5,2↘	63,2%
Gesundheit	38,6%	35,1% –3,5↘	49,1% +14↗
Arbeitsleben (Work-Life-Balance, Personalentwicklung, Diversity)	49,1%	54,4% +5,3↗	71,9% 17,5
Verankerung von Nachhaltigkeit im Kerngeschäft	45,6%	49,1% +3,5↗	71,9% +22,8↗
Supply-Chain-Management	40,4%	36,8% –3,6↘	43,9% +6,9↗

Quelle: FBM

Abbildung 7: In welchen CR-Bereichen ist Ihr Unternehmen besonders aktiv? Wie war es in den vergangenen zehn Jahren, und wie wird es in den kommenden zehn Jahren voraussichtlich sein?

Charakteristika der Stichprobe

Über ein Drittel der Befragten (35,1 Prozent) ist im eigenen Unternehmen Leiter eines eigenständigen Bereichs „Corporate Responsibility". Weitere 26,3 Prozent sind Mitglieder des Vorstands oder der Geschäftsführung. 12,3 Prozent haben die Funktion des Kommunikationsverantwortlichen und 7 Prozent die des Marketingverantwortlichen inne.

Die Branchenzugehörigkeit ist sehr differenziert. Die Vertreter der beteiligten Unternehmen kommen aus 20 verschiedenen Branchen. Mit 14 Prozent sind Finanzdienstleistungsunternehmen am häufigsten vertreten, gefolgt von Unternehmen aus der Kommunikations- und IT-Branche sowie aus dem Maschinen- und Anlagenbau mit jeweils 10,5 Prozent.

Bei der geographischen Verteilung der Firmen zeigt sich, dass 42,1 Prozent der Unternehmen ihren Hauptsitz in Deutschland haben. Genauso viele haben den Hauptsitz in den USA. Weitere 8,7 Prozent sind Tochterunternehmen von internationalen Konzernen mit Hauptsitz außerhalb der USA; insgesamt stellen die Unternehmen mit internationalen Konzernmüttern also die knappe Mehrheit. Mit 43,9 Prozent hat fast die Hälfte der Unternehmen 5.000 oder mehr Mitarbeiter in Deutschland. Unternehmen mit 1.000 bis 4.999 Mitarbeitern sind mit 22,8 Prozent etwas weniger vertreten als Unternehmen mit weniger als 1.000 Mitarbeitern (26,3 Prozent).

Aufgrund der Mehrzahl von Tochterunternehmen aus internationalen, vor allem amerikanischen Konzernen lohnt sich der Blick auf die Anzahl der weltweiten Mitarbeiter. Über 70 Prozent der Unternehmen haben global mehr als 10.000 Mitarbeiter. Weniger als 1.000 Mitarbeiter weltweit haben dagegen nur 5,3 Prozent.

Fast die Hälfte der Unternehmen erwirtschaftet in Deutschland einen Jahresumsatz von mehr als 500 Millionen Euro. Weltweit gesehen, erwirtschaften sogar 77,2 Prozent der Unternehmen mehr als 500 Millionen Euro im Jahr. ■

CORPORATE RESPONSIBILITY

UNTERNEHMEN UND VERANTWORTUNG IN DER PRAXIS

Verantwortung auf allen Ebenen

Aus seiner Tradition bezieht das Innovationsunternehmen ebenso viele Stärken wie aus seinem Willen zu stetiger Weiterentwicklung: Schon früh erkannten führende Köpfe bei 3M, dass unternehmerische Verantwortung mehr umfasst als wirtschaftliche Aspekte. Heute folgt die Corporate Responsibility des weltweit tätigen Konzerns einem Konzept, das alle Unternehmensbereiche und Ebenen einbezieht.

Wirtschaftliche Stabilität ist und bleibt der Ankerpunkt für alle unternehmerischen Aktivitäten, denn sie ermöglicht erst strategische Investitionen. Auch mehr als 110 Jahre nach seiner Gründung steht 3M als gesundes Unternehmen da und kann auf eine Kontinuität verweisen wie kaum ein anderes: Seit 1916 zahlt 3M seinen Aktionären ohne Unterbrechung eine Dividende. Der überwiegende Anteil der Aktien befindet sich in Streubesitz, viele halten die Beschäftigten. Allein 1.200 der deutschen 3M-Mitarbeiter besitzen Belegschaftsaktien.

Leichtbau-Lösungen von 3M können einen Pkw um bis zu 50 Kilogramm leichter machen.

Ökonomie und Investitionen

Die finanzielle Basis ermöglicht es 3M, in Start-up-Unternehmen zu investieren. Um neue Geschäftsfelder und innovative, schnell wachsende Firmen zu identifizieren, wurde eigens eine „New Ventures Division" gegründet. So entstanden Beteiligungen an mehreren jungen Unternehmen, die schwerpunktmäßig im Bereich digitaler Medien aktiv sind. Gemeinsam mit weiteren namhaften Unternehmen wie Google und Volkswagen finanzierte 3M den Förderwettbewerb „Gründer-Garage", an dem sich 2014 fast 2.000 Start-ups beteiligten. Parallel engagiert 3M sich im Entrepreneur-Committee der AmCham und im Forum „Spitze bleiben", das Unternehmen und Investoren der deutschen Wirtschaft mit Forschung, Wissenschaft, Initiativen und Verbänden zusammenführt.

Strategien zur Ökologie

Seit seinen ersten strategischen Maßnahmen zur Umweltschonung schlägt 3M sehr erfolgreich den Bogen zwischen Ökologie und Ökonomie. Allein das 1975 ins Leben gerufene 3P-Programm („Pollution Prevention Pays") hat bislang mit weltweit mehr als 11.000 Projekten 1,9 Millionen Tonnen Emissionen in Luft und Wasser vermieden und dabei rund 1,8 Mrd. US-Dollar eingespart. Anspruchsvolle Nachhaltigkeitsziele definiert 3M seit 1988 als quantitative Zielsetzungen für die Verringerung von Emissionen in Wasser, Luft und Boden, ergänzt durch weitere Programme und Initiativen, etwa zur besseren Nutzung von Rohmaterialien und von Energie.

Als einer der jüngsten Meilensteine auf dem Weg zu mehr Nachhaltigkeit wurde 2013 das „Sustainability Center of Excellence" als Stabsstelle etabliert, das im Dialog mit den 3M-Kunden die Umsetzung nachhaltiger Strategien in allen Geschäftsbereichen forcieren und koordinieren soll. Schon heute liegt bei den 3M-Innovationen ein Schwerpunkt auf Produkten, mit denen 3M-Kunden ihre eigenen Nachhaltigkeitsziele erreichen können. Beispielsweise steht die Leichtbauweise als einer der entscheidenden Faktoren für die Energieeffizienz nach wie vor im Fokus der Automobil- und Luftfahrtindustrie. Bis zu 50

3M

Gründung:	1902 in den USA, 1951 in Deutschland
Branche:	Chemie
Umsatz 2014:	2,4 Mrd. Euro in Deutschland, 31,8 Mrd. US-Dollar weltweit
Mitarbeiter:	6.200 in Deutschland, 90.000 weltweit

Dr. Gayle Schueller, hier im Juni 2014 als Referentin bei der EU Sustainable Energy Week in Brüssel, koordiniert die weltweiten 3M-Aktivitäten zum Thema Nachhaltigkeit.

Spannendes über Zahnspangen und vieles mehr erfuhren 400 wissbegierige junge 3M-Gäste beim „Türöffner-Tag" 2014.

Kilogramm Gewicht lassen sich in einem Pkw durch unterschiedliche Leichtbau-Lösungen von 3M einsparen. Dazu zählen die „3M™ Thinsulate™ Acoustic Insulation" mit einem Bruchteil des Gewichts traditioneller Isolationsmaterialien und Glashohlkugeln als Füllstoff in Kunststoffbauteilen der Innenraumausstattung und Karosserie, die bis zu einem Drittel weniger wiegen. Zusätzlich zu geklebten Türdichtungen wurde jetzt eine karrosserieseitige Dichtung entwickelt, die Autos um weitere drei Kilogramm leichter macht.

Zu den Highlights in jüngster Zeit zählt die weltweit erste Recyclinganlage für spezielle Fluorkunststoffe, die am Standort Burgkirchen des 100-prozentigen 3M-Tochterunternehmens Dyneon GmbH installiert wurde. Weltweit gelten die deutschen Standorte als vorbildliche Energiesparer, und im Mai 2014 gehörte die 3M Deutschland GmbH zu den ersten Unternehmen, deren Energiemanagementsystem nach DIN EN ISO 50001 zertifiziert wurde. Beispielsweise kommt seit 2014 eine neue Anlage zur Abluftreinigung im Werk Hilden mit einem signifikant geringeren Gasverbrauch aus als bislang. Für Firmenfahrzeuge der 3M-Beschäftigten bestehen seit 2010 CO_2-Grenzwerte, die jährlich weiter gesenkt werden.

Engagement für Bildung und Kultur

Schwerpunkt des externen gesellschaftlichen Engagements von 3M ist die Initiative „Unternehmen Schule" in Zusammenarbeit mit sechs Gymnasien in Nordrhein-Westfalen und Bayern. Seit 2000 wurden 9.000 jungen Menschen in mehr als 750 praxisnahen Aktivitäten die Naturwissenschaften nähergebracht, wobei sich im Unternehmen rund 100 Mitarbeiterinnen und Mitarbeiter freiwillig engagierten. Gleich 400 Kinder waren im Oktober 2014 zu Gast im Technical Center von 3M in Neuss: Die neugierigen Fans der „Sendung mit der Maus" kamen mit ihren Eltern zum „Türöffner-Tag", um die spannende Welt des Innovationsunternehmens zu erkunden. Im Rahmen seiner Kulturförderung unterstützt 3M seit mehr als 20 Jahren die Deutsche Kammerakademie Neuss und trägt beispielsweise zur Finanzierung des populären Open-Air-Events „Klassik-Nacht" bei.

Arbeits- und Innovationskultur

Alle Bestrebungen des Unternehmens um Nachhaltigkeit und Verantwortung basieren auf der hohen Bereitschaft der Mitarbeiter, sich für diese Ziele zu engagieren. Sie wird gestützt durch die soziale Verantwortung, die in den 3M-Grundwerten unter anderem durch Respekt vor Würde, Wert und Rechten aller Beschäftigten verankert ist. Die ganzheitliche Personalpolitik geht auf den früheren 3M-Präsidenten William McKnight zurück, der schon 1948 wegweisende Leitsätze zu Freiräumen und Eigeninitiative formulierte. Sie sind bis heute gültig, ebenso wie die Regel, dass Forscher 15 Prozent ihrer Arbeitszeit für selbst initiierte Projekte einsetzen dürfen. Weitere wesentliche Elemente der 3M-Personalpolitik sind Aus- und Weiterbildung, Work-Life-Balance und Gesundheitsmanagement. Ein innovatives Langzeitkontenmodell, eine Betreuungseinrichtung für Mitarbeiterkinder unter drei Jahren und ein Fitnesscenter in der Hauptverwaltung in Neuss sind nur einige Beispiele dafür. Positive Effekte auf Gesundheit und Teamgeist hatte etwa der Neusser Firmenlauf im Herbst 2014, an dem sich 350 Beschäftigte von 3M beteiligten.

Künftige Fokusthemen

Den permanenten Wandel versteht 3M als Chance, die es mit immer neuen Ideen und Innovationskraft zu nutzen gilt. Als zukunftsweisende Aktionsfelder seiner Produktentwicklung sieht das Unternehmen eine Reihe von Schwerpunktthemen. Dazu zählen die innere Sicherheit und die Infrastruktur, beispielsweise die elektronische Fußfessel, die automatische Nummernschilderkennung und das Verkehrsmanagement. Doch auch neue Anwendungen bereits bewährter Produkte leisten wertvolle Beiträge zur Nachhaltigkeit. So können „3M™ Novec™"-Hightechflüssigkeiten in weiteren Bereichen, beispielsweise als Kühlmittel, zum Klimaschutz beitragen.

AUF EINEN BLICK

Auszeichnungen/Rankings (Beispiele)

- **1975:** Umweltschutzpreis der Vereinten Nationen für das 3P-Programm („Pollution Prevention Pays")
- **1990:** „Global 500"-Umweltpreis der Vereinten Nationen für Dr. Joseph T. Ling, der das 3P-Programm begründete
- **1996:** US Presidential Award for Sustainable Development
- **1999:** erstmals Spitzenplatz im Dow Jones Sustainability Index, ebenso in den Folgejahren einschließlich 2014
- **2005:** 3M wird erstmals mit dem „Energy Star" in der Topkategorie „Sustained Excellence" der US-Umweltschutzbehörde EPA ausgezeichnet. Das Unternehmen bekommt diese Auszeichnung seitdem jedes Jahr in Folge.
- **2010:** „Gigaton Award" für Leistungen bei der Reduzierung von CO_2-Emissionen/Industrie und Sonderpreis für herausragende Leistungen
- **2011:** Top 3 beim Deutschen Nachhaltigkeitspreis, Kategorie „Deutschlands nachhaltigste Zukunftsstrategien/Konzern";
  Platz 2 im Interbrand-Ranking „Best Global Green Brands"
- **2013:** Sonderpreis „Ressourceneffizienz" beim Deutschen Nachhaltigkeitspreis
- **2014 und 2015:** Listung unter den deutschen Top-Arbeitgebern in einer Studie der Zeitschrift „Focus" mit den Internetplattformen Xing und Kununu

Mitgliedschaften (Beispiele)

- UN Global Compact
- Conflict-Free Sourcing Initiative
- Deutsche Unternehmensinitiative Energieeffizienz e.V. (DENEFF)

Kontakt

3M Deutschland GmbH
Jürgen Germann
Government Affairs & Public Policy
Sophie-Charlotten-Straße 15
14059 Berlin
T +49 (0) 30 / 32 67 76 71
E jgermann1@3M.com
W www.3M.de

Bürgerschaftliches Engagement seit zehn Jahren im Fokus

Als international agierendes Unternehmen weiß BP, wie wichtig eine starke und lebendige Zivilgesellschaft für stabile Lebensverhältnisse in einem Land ist. Daher setzt sich BP in Deutschland mit den Kompetenzen und dem Know-how des Unternehmens und seiner Beschäftigten für die Stärkung des bürgerschaftlichen Engagements ein – und dies nun schon seit zehn Jahren.

BP-Mitarbeiter Norbert Rüschenschmidt besucht regelmäßig Projekte im Senegal. Gemeinsam mit dem Hilfe für Senegal e.V. hat der Schmierstoffexperte eine Krankenstation errichtet, die er weiter instand hält.

BP hat 2004/05 ihr gesellschaftliches Engagement in Deutschland strategisch neu aufgestellt und dies seither kontinuierlich fortgeführt und weiterentwickelt. Ein Schwerpunkt ist dabei die Stärkung des bürgerschaftlichen Engagements. Hier engagiert sich BP mit drei langfristig angelegten Programmen, die auf den Kernkompetenzen des Unternehmens basieren. Umgesetzt werden sie in Partnerschaft mit Akteuren der Zivilgesellschaft, um die Aktivitäten an den konkreten gesellschaftlichen Bedürfnissen ausrichten zu können.

BP Europa SE

Gründung:	1904 (Vorgängerunternehmen, bis 2010 Firmierung unter Deutsche BP AG)
Branche:	Energie
Umsatz 2013:	64,5 Mrd. Euro
Mitarbeiter:	ca. 10.000, davon ca. 5.000 in Deutschland

Die Engagementstrategie lebt davon, dass sich die BP-Mitarbeiter mit ihren Stärken und Kompetenzen in die Programme einbringen. Im Gegenzug sammeln sie vielfältige Erfahrungen, erweitern ihr Blickfeld und stärken ihre Persönlichkeit. Offene, engagierte Mitarbeiter, die über den eigenen Tellerrand blicken, sind eine wesentliche Voraussetzung für die Zukunftsfähigkeit des Unternehmens. Engagement ist also eine Bereicherung – gleichermaßen für die Gesellschaft, für das Unternehmen und für die Engagierten selbst.

Die Programme von BP in Deutschland folgen dabei einem Dreiklang: Es geht um die Unterstützung der eigenen Beschäftigen in ihrem ganz persönlichen Engagement (Matching Fund), um die Förderung junger Menschen mit guten Engagementideen (Civil Academy) und um die Einbindung der Beschäftigten in das Engagement des Unternehmens (Civil Academy und SeitenWechsel).

Matching Fund: gesellschaftliches Engagement honorieren

Beim Matching Fund unterstützt BP ihre Mitarbeiter beispielsweise bei ihrem ganz persönlichen Einsatz, den sie mit Spenden und ehrenamtlichem Zeiteinsatz in gemeinnützigen Organisationen leisten. Jeder Euro, den ein Mitarbeiter spendet, wird von BP verdoppelt. Zusätzlich werden ehrenamtliche Zeiteinsätze für eine Einrichtung mit einem festgelegten Stundenlohn vergütet, der ebenfalls an die Organisation fließt. Pro Jahr stellt BP so für jeden Mitarbeiter maximal bis zu 3.650 Euro zur Verfügung.

In den zehn Jahren, in denen das Programm in Deutschland existiert, spendeten BP und ihre Belegschaft so rund 14 Millionen Euro an fast 1.500 verschiedene Empfängerorganisationen. Dabei gehen die Spenden an unterschiedlichste Projekte weltweit, von der Krankenstation im Senegal über den örtlichen Kulturverein bis zur Seehundstation Friedrichskoog an der Nordseeküste.

Civil Academy: Handwerkszeug für Projektideen

Mit der Civil Academy will BP junge Menschen im Alter zwischen 18 und 27 Jahren motivieren, eigene Ideen für ein Engagement zu entwickeln, und sie vor allem in die Lage versetzen, ihre Ideen auch zu realisieren. BP hat das Trainingsprogramm im Jahr 2005 gemeinsam mit dem Bundesnetzwerk Bürgerschaftliches Engagement (BBE) als neue Form der strategi-

Beim „TapetenWechsel" renovieren BP-Auszubildende eine soziale Einrichtung.

schen Zusammenarbeit von Wirtschaft und Bürgergesellschaft ins Leben gerufen. Die jungen Engagierten bewerben sich mit einer kreativen Projektidee und erhalten Hilfestellungen und Know-how in Projektmanagement, Kosten- und Finanzierungsplanung, Teambildung, Kooperationsmöglichkeiten und Öffentlichkeitsarbeit. Fachleute aus dem gemeinnützigen Bereich und Experten von BP geben an Seminarwochenenden gemeinsam ihr Wissen und ihre Erfahrungen aus dem beruflichen Alltag an die jungen Menschen weiter, damit diese ihre Projektideen tatsächlich in die Tat umsetzen können. Getreu dem Motto: „Wer Gutes tut, soll die Chance bekommen, es auch gut zu tun!"

Über 450 junge Menschen haben an den bisher 19 Academy-Runden bereits teilgenommen. Hier wurden an jeweils drei inhaltlich aufeinander aufbauenden Wochenendseminaren Projektideen wie beispielsweise „Hip-Hop-Tanztheater – Musikunterricht für benachteiligte Jugendliche", „Wasserpumpe für Bawum in Kamerun" oder „Tauschzeit – Zeitservice für Krankenhäuser" weiter ausgearbeitet.

SeitenWechsel: soziale Kompetenz vertiefen

Ihre ganz unmittelbaren Erfahrungen sammeln BP-Führungskräfte beim Programm „SeitenWechsel". Denn seit 2005 bietet BP ihnen die Möglichkeit, für eine Woche in den Alltag von gemeinnützigen Organisationen zu wechseln. Ziel ist es, sich mit unterschiedlichen Werten und Einstellungen auseinanderzusetzen und die eigene soziale Kompetenz zu vertiefen. Dabei reicht die Spanne der gewählten Einrichtungen von Hospizen über Justizvollzugsanstalten bis hin zu Obdachlosenheimen. Die Programmteilnehmer arbeiten zeitweise in einem völlig neuen Umfeld und werden dort für die Lebenswelten anderer Menschen und soziale Belange sensibilisiert.

Die Institutionen profitieren nicht nur von der zusätzlichen Personalkraft und der Kompetenz der Mitarbeiter. Eine Reihe an „SeitenWechslern" bleibt ihren Einsatzorganisationen auch später noch verbunden.

Angeregt durch den „SeitenWechsel“, haben die BP-Auszubildenden mit dem „TapetenWechsel“ selbständig ein eigenes Engagementprogramm entwickelt. Jedes Jahr organisiert ein neues Team von jungen BP-Mitarbeitern in Eigenregie die Renovierung einer sozialen Einrichtung. Sie planen die gesamte Aktion komplett allein und veranstalten zur Finanzierung der Materialien im Vorfeld der Aktion eine Tombola mit Waffelverkauf im Unternehmen. Drei bis vier Tage arbeiten sie dann in ihrer Freizeit in den jeweiligen Häusern und übernehmen dabei beispielsweise Tapezierarbeiten. Für viele der jungen Menschen ist dies eine erste Erfahrung mit sozialem Engagement. BP unterstützt das Engagement ihrer Auszubildenden, indem die eingebrachten Zeiteinsätze über den Matching Fund zusätzlich mit einer Spende honoriert werden, die vollständig der jeweils unterstützten Organisation zugutekommt.

Voneinander lernen: ein Gewinn für beide Seiten

Ein ganz wichtiger Aspekt bei diesen Programmen ist der Dialog über die Grenzen unterschiedlicher gesellschaftlicher Bereiche hinweg. Dies geschieht im Sinne eines Kompetenztransfers zwischen Unternehmen und Zivilgesellschaft und zwar in beide Richtungen. Sowohl die zivilgesellschaftlichen Partner als auch das Unternehmen erhalten neue Einblicke, die ihnen helfen, Themen auch aus der jeweils anderen Perspektive zu betrachten. Zudem behält BP so die gesellschaftlichen Veränderungen im Blick und kann die Programme gemeinsam mit den Partnern entsprechend anpassen. BP ist seit vielen Jahren in den Gremien im BBE und in der WIE (Wirtschaft. Initiative. Engagement.) aktiv. Hier bringt das Unternehmen die Expertise aus den Programmen zur Weiterentwicklung von Engagementformen in die Diskussion ein. Ein wichtiger Fokus liegt dabei in der guten Zusammenarbeit von Unternehmen, Zivilgesellschaft und Politik zur Stärkung des bürgerschaftlichen Engagements. ■

AUF EINEN BLICK

Das gesellschaftliche Engagement von BP in Deutschland

Stärkung des bürgerschaftlichen Engagements

- Matching Fund
- SeitenWechsel/TapetenWechsel
- Civil Academy

Bildung

- Energiesparwettbewerb Klima&Co
- Schulprogramm BP@Schule
- Bildungsinitiative TalentMetropole Ruhr

Gesellschaftlicher Dialog

- aktiv im Bundesnetzwerk Bürgerschaftliches Engagement (BBE)
- Mitinitiator der Charta der Vielfalt
- BP-Gesellschaftsstudien in Zusammenarbeit mit dem Göttinger Institut für Demokratieforschung

Deutsche BP Stiftung

- Beitrag zur Überwindung der Jugendarbeitslosigkeit in NRW leisten
- Programme zur beruflichen Qualifizierung von Jugendlichen und jungen Erwachsenen
- sozial- und berufspädagogische Betreuung

Auszeichnung

- „TapetenWechsel“ wurde vom Land Nordrhein-Westfalen im Rahmen des Jugendwettbewerbs „NRW – Demokratie leben“ ausgezeichnet.

Kontakt

BP Europa SE
Brigitta Wortmann
Senior Political Adviser
Pariser Platz 3
10117 Berlin
T +49 (0) 30 / 22 48 70 - 24
F +49 (0) 30 / 22 48 70 - 74
E brigitta.wortmann@de.bp.com
W www.bp.de und www.www.bp.de/gesellschaft

Bei Celanese wird soziales Engagement von den Mitarbeitern gelebt

Wie die Personalabteilung des US-amerikanischen Chemieunternehmens Celanese in immer mehr Einstellungsgesprächen feststellt, ist es für die Bewerber von heute bereits eine klare Grundvoraussetzung, dass Corporate Social Responsibility (CSR) fest ins Wertekonzept des künftigen Arbeitgebers eingebettet und somit ein elementarer Bestandteil der Unternehmens-DNA ist.

Deshalb gehört CSR bei Celanese fest zur Unternehmensstrategie. Als Teil der unternehmensweiten „Vision 2016" sind daher neben Werten wie Mitarbeiterentwicklung oder Zusammenarbeit auch der Beitrag zu einer besseren Welt sowie Nachhaltigkeit fest im Wertesystem verankert. Dabei möchte Celanese verantwortungsvoll handeln, um sein gesellschaftliches Umfeld und seine Mitmenschen positiv zu beeinflussen. Gleichzeitig arbeitet das Unternehmen innovativ, engagiert und gemeinsam daran, die Welt lebenswerter zu machen. Beide Werte stützen sich auf die drei Pfeiler Sicherheit, Umweltschutz sowie soziales Engagement und dienen den Mitarbeitern als Leitbild, wenn es darum geht, die Werte im Alltag zu leben.

Bei Celanese hat Sicherheit immer und überall Priorität – egal, ob bei Prozessen, Arbeitsschritten oder im Betrieb. Hierzu werden weltweit Sicherheitsbewertungen durchgeführt, beispielsweise innerhalb der Initiative „KeepSafe". Das Ziel: null Unfälle an allen 35 Standorten weltweit. Die Sicherheitsbilanz der vergangenen Jahre zeigt, dass Celanese auch weiterhin eine Vorreiterrolle in der Branche einnimmt. Egal, ob zu Hause, im Auto oder Flugzeug, bei der Arbeit oder in der Ernährung – die Produkte von Celanese stehen auch für Sicherheit und Verantwortung. Dabei ist das Portfolio bunt und vielfältig: von Hochleistungskunststoffen, die den Spritverbrauch im Automobil oder Flugzeug verringern, über Dispersionen für umweltfreundliche Farben und Lacke bis hin zu Süßstoffen, die eine kalorienarme und bewusste Ernährung unterstützen. Bei all seinen Produkten kontrolliert Celanese regelmäßig, dass sie sicher hergestellt, vertrieben, verwendet und entsorgt werden können. Hierzu greift das Unternehmen auf fundierte wissenschaftliche Methoden zurück. Darüber hinaus möchte es sich auch als ein führendes Unternehmen im Umweltschutz positionieren. Dabei verfolgt Celanese einen globalen Ansatz zur Verbesserung der Energieeffizienz und setzt sich für die Verringerung seiner Treibhausgase sowie seines Wasserverbrauchs ein.

Verbindungen schaffen und ein guter Nachbar sein

Innerhalb der globalen Initiative „Celanese Connects – Wir schaffen Verbindungen" fördert das Unternehmen das soziale Engagement seiner Belegschaft, indem es jeden Mitarbeiter einen Tag im Jahr zusätzlich zu seinem Jahresurlaub für ein soziales Projekt freistellt. Ein Konzept, das ankommt: Innerhalb einer Umfrage unter den Mitarbeitern an den beiden größten deutschen Standorten Sulzbach und Frankfurt am Main-Höchst befürworteten knapp vier Fünftel der Befragten die Förderung des sozialen Mitarbeiterengagements durch Celanese. Über 40 Prozent hatten zum Befragungszeitpunkt (April/Mai 2014) bereits an einem sozialen Projekt mitgewirkt.

Celanese
The chemistry inside innovation™

Celanese

Gründung:	1918
Branche:	Chemie
Umsatz 2014:	6,8 Mrd. US-Dollar
Mitarbeiter:	1.550 in Deutschland, 7.500 weltweit

Sicherheit, Umweltschutz und soziales Engagement sind das Leitbild für alle Mitarbeiter.

Celanese-Mitarbeiter unterstützen weltweit soziale Projekte in der Nachbarschaft.

Celanese möchte ein guter Nachbar sein und vor allem Einrichtungen und Organisationen in standortnahen Gemeinden unterstützen. Während sich die Belegschaft mit Zeit und Körpereinsatz in den sozialen Tagen einbringt, unterstützt das Unternehmen auch durch Spenden von Farben und Lacken, die emissionsarme Celanese-Dispersionen enthalten. Seit Einführung der Initiative im Jahr 2011 engagierten sich allein an den vier deutschen Standorten bereits über 1.000 Mitarbeiter in 54 sozialen Projekten. Verstärkt nutzen die Mitarbeiter mittlerweile die sozialen Projekte zum Teambuilding oder Netzwerken. Da die Teams oft funktions- und geschäftsübergreifend entstehen, vertiefen sie beim Austausch das Wissen über die eigene Organisation. Auch beim Streichen und Renovieren wird Sicherheit großgeschrieben und so gemeinsam im Team die Sicherheitskultur gestärkt.

Engagement, das um die Welt geht

Einmal im Jahr ruft das Unternehmen zudem zur weltweiten „Woche des sozialen Engagements" auf, in der sich die Mitarbeiter an allen 35 Unternehmensstandorten rund um den Globus bei sozialen Projekten engagieren können. In der mittlerweile vierten weltweiten Projektwoche setzten im Jahr 2014 rund 3.500 Mitarbeiter an 31 Standorten weltweit über 100 Projekte in die Tat um. Keine Initiative innerhalb der Unternehmensgeschichte von Celanese zeigt damit besser, was soziales Engagement dem Unternehmen bedeutet. Als Anerkennung dafür wurde Celanese von der Hessischen Landesregierung im November 2013 als Unternehmen des Monats ausgezeichnet. Im Jahr 2014 überreichte der Landesverband Hessen des Verbands der Chemischen Industrie (VCI) Celanese den ersten Preis beim Responsible-Care-Wettbewerb zum Nachbarschaftsdialog. Als VCI-Mitglied unterstützt Celanese zudem die Nachhaltigkeitsinitiative „Chemie³".

Ein weiteres soziales Projekt ist das vierwöchige „Celanese International Impact Program" (CIIP), bei dem sich seit 2013 Mitarbeiter aller Standorte bewerben können, um einen Monat lang in einem internationalen Team ausgewählte Hilfsorganisationen im Ausland zu unterstützen.

Für Naturwissenschaften begeistern

Überall dort, wo Celanese auf der Welt ansässig ist, möchte das Unternehmen zudem die Ausbildung in den Bereichen Mathematik, Informatik, Naturwissenschaften und Technik (MINT) fördern. Mit seiner großen Zahl an Chemikern, Ingenieuren und weiteren Wissenschaftlern sieht Celanese es als seine Verantwortung, junge Menschen für diese Bereiche zu begeistern. Gemeinsam mit verschiedenen MINT-Kooperationspartnern organisieren die Mitarbeiter Schulbesuche oder Forschertage und unterstützen

Lehrerfortbildungen oder wissenschaftlichen Veranstaltungen durch spannende Praxisvorträge.

Die Bedeutung des Engagements im Bereich CSR hat bei Celanese innerhalb der vergangenen Jahre nicht nur zugenommen, sondern sich vor allem gefestigt. Hierzu beigetragen hat vor allem „Celanese Connects", womit das Unternehmen eine Initiative in seinen Alltag integrieren konnte, die von den Mitarbeitern angenommen und getragen wird. Immer öfter treten diese mit eigenen Projektideen an das Unternehmen heran und möchten Einrichtungen aus ihrem direkten Umfeld und der Standortnachbarschaft unterstützen. Für Celanese steht es deshalb auch weiterhin außer Frage, dass Corporate Social Responsibility ein fester Bestandteil seiner Geschäftstätigkeit ist. Gern möchte der Chemieproduzent in Zukunft die Bandbreite seiner sozialen Projektpartner noch vergrößern, Langzeitpartnerschaften aufbauen und durch innovative Konzepte im Bereich der MINT-Förderung noch mehr Nachwuchsforscher für Naturwissenschaften begeistern. ■

AUF EINEN BLICK

Unternehmen & Gesellschaft

- ein weltweiter Technologieführer bei der Produktion von differenzierten Chemieprodukten und Spezialmaterialien
- sicheres Chemieunternehmen
- Produkte, die das Leben besser machen und aus dem Alltag nicht mehr wegzudenken sind
- Engagement im Umkreis der Standort-Gemeinden
- Nachwuchsförderung im Bereich MINT

Umwelt

- Nachhaltigkeit als fester Bestandteil der Unternehmensstrategie
- globaler Ansatz zur Verbesserung der Energieeffizienz

Mitarbeiter

- vielfältige Karriere- und Entwicklungsmöglichkeiten
- anspruchsvolle und abwechslungsreiche Tätigkeiten
- flache Hierarchien
- kulturelle Mitarbeitervielfalt

Initiativen & soziale Projekte

- Celanese Connects – Wir schaffen Verbindungen
- jährliche globale Woche des sozialen Engagements
- Celanese International Impact Program (CIIP)
- unterstützendes Mitglied der Nachhaltigkeitsinitiative „Chemie³" der deutschen Chemieindustrie

Auszeichnungen

- Auszeichnung zum Unternehmen des Monats im November 2013 (Hessische Landesregierung)
- 1. Preis beim Responsible-Care-Wettbewerb 2014 zum Nachbarschaftsdialog (Landesverband Hessen des Verbands der Chemischen Industrie)

Kontakt

Celanese Deutschland Holding GmbH
Lisa Moessing
CSR Koordinatorin Deutschland
Am Unisys-Park 1
65843 Sulzbach (Taunus)
T +49 (0) 69 / 4 50 09 18 82
E lisa.moessing@celanese.com
W www.celanese.de

Marken und Belegschaft im Einsatz für einen gesunden Lebensstil

Als einer der größten Hersteller alkoholfreier Getränke hat sich die The Coca-Cola Company mit ihren Tochterunternehmen weltweit verpflichtet, die für die Branche wichtigsten Nachhaltigkeitsherausforderungen anzugehen. Wir möchten einen positiven Beitrag für die Entwicklung unserer Gesellschaft und der Umwelt leisten.

Für diese Nachhaltigkeitsstrategie hat sich Coca-Cola international den Rahmen „Me, We, World" gegeben und seine Handlungsschwerpunkte am individuellen Wohlbefinden „Me", an der Stärkung des gesellschaftlichen Zusammenhalts „We" und am Umweltschutz „World" ausgerichtet. Im Fokus stehen für Coca-Cola dabei die Aspekte Produktverantwortung, ein fairer und guter Arbeitgeber zu sein, Wasser-, Klima- und Ressourcenschutz im Kerngeschäft und eine stärkere Integration der Wertschöpfungskette in unsere Nachhaltigkeitsaktivitäten. Mit unserer „Sustainability Scorecard 2010–2020" haben wir diese Handlungsfelder entlang der neuen Strategiebereiche „Me", „We" und „World" für Deutschland angewendet und eigene ehrgeizige Ziele definiert und Maßnahmen entwickelt. Zudem sind Nachhaltigkeitsthemen und -ziele bereits seit 2010 in unsere Businesspläne integriert. So will Coca-Cola Deutschland unter den führenden nationalen Herstellern schnelldrehender Konsumgüter – Produkte, die zeitnah verbraucht werden – eine Vorreiterrolle in puncto Nachhaltigkeit einnehmen.

Auch 2014 konnten wir wieder Fortschritte erzielen. So sank der Verbrauch von Wasser für die Herstellung eines Liters Getränke erstmals unter 2,0 Liter und liegt jetzt bei 1,92 Liter. Weltweit wird das Wasser, das für die Reinigung von Flaschen und Anlagen benötigt wird, nach Gebrauch so aufbereitet, dass es sauber wieder in den Wasserkreislauf zurückgegeben wird. Auch der Energieverbrauch pro hergestelltem Liter Getränk konnte von 0,399 auf 0,366 Megajoule reduziert werden. Dabei verwenden wir in Deutschland ausschließlich Strom aus regenerativen Quellen. Das und viele weitere Maßnahmen haben dazu beigetragen, dass der Carbon-Footprint seit 2010 stetig zurückgegangen ist.

Doch die Anforderungen unserer Stakeholder haben sich über die Jahre gewandelt. Galt es zunächst, Nachhaltigkeit als festes Prinzip vor allem im eigenen Kerngeschäft und dann auch in der gesamten Lieferkette zu etablieren, erwarten unsere Anspruchsgruppen heute außerdem, dass gerade so bekannte Marken wie Coca-Cola mit der Stärke ihrer Marken positive gesellschaftliche Entwicklungen befördern und auch den Konsumenten Anregungen für eine nachhaltige Lebensweise geben. Coca-Cola hat entsprechend dieser Wünsche in den vergangenen Jahren verstärkt Markenprogramme genutzt, um gesellschaftliche Anliegen zu transportieren und voranzutreiben. Dabei sind wir immer bestrebt, die eigenen Mitarbeiter und zum Teil auch die Mitarbeiter unserer Kunden in Handel und Gastronomie einzubeziehen.

„Mission Olympic“ und „Lift Unified“-Laufgruppen

Seit Mitte der neunziger Jahre fördert Coca-Cola gezielt die Bewegung im Alltag der Konsumenten, denn dass wir einen zunehmenden Teil unseres Lebens im Sitzen verbringen und unter Bewegungsmangel leiden, entwickelt sich immer mehr zum gesamtgesellschaftlichen Problem. 2007 startete Coca-Cola gemeinsam mit dem Deutschen Olympischen Sportbund die Initiative „Mission Olympic – Gesucht: Deutschlands aktivste Stadt“. In sieben Durchgängen haben sich bis 2014 insgesamt 200 Städte und 10.000 bürgerschaftliche Initiativen mit 2,4 Millionen Mitgliedern an Mission Olympic beteiligt. Bei den Finalevents waren rund zwei Millionen Menschen aktiv. Zahlreiche Finalstädte berichten über nachhaltige Effekte für ihr Sport- und Bewegungsangebot.

Coca-Cola Deutschland

Gründung:	1929
Branche:	Lebensmittel
Mitarbeiter:	10.000 in Deutschland

Coca-Cola nutzt die Kraft der Marke, um gesellschaftliche Themen voranzutreiben.

Kreatives Spielen wirkt sich positiv auf die Entwicklung der Kinder aus.

In derzeit sechs Bundesländern unterstützen Lift Apfelschorle und Special Olympics Deutschland gemeinsame Laufgruppen mit geistig behinderten und nicht behinderten Sportlern. Das Projekt „Gemeinsam läuft's besser" erhält z.B. von 2013 bis 2015 insgesamt 250.000 Euro und wird von einer Kommunikationskampagne begleitet. So nutzen wir die Stärke unserer Marke, um die Begegnung von Menschen mit und ohne Behinderung zu fördern.

Gleichzeitig motivieren wir unsere Belegschaft zu mehr Bewegung. Auch deshalb absolvierten 125 Mitarbeiterinnen und Mitarbeiter von Coca-Cola Deutschland 2013 die ca. sechs Kilometer lange Strecke beim Firmenlauf B2Run in Berlin. Aufgrund der großen Zahl an teilnehmenden Kollegen wurden wir zur „fittesten Firma Berlins" gekürt. Insgesamt haben rund 1.000 Mitarbeiter an Firmenläufen teilgenommen.

Coca-Cola light und die Initiative „Hör auf Dein Herz"

Für mehr Aufklärung über Herz-Kreislauf-Erkrankungen bei Frauen und Vorbeugemöglichkeiten hat Coca-Cola light im Dezember 2011 gemeinsam mit der Deutschen Gesellschaft für Geschlechtsspezifische Medizin die Initiative „Hör auf dein Herz" gegründet und 2013 für Forschung zu diesem Thema 200.000 Euro an die Charité Berlin gespendet. Mit prominenter Unterstützung durch Palina Rojinski, Nadja Uhl und VIP-Trainer Arno Schmitt hat der „Hör auf Dein Herz"-Campus von Coke light in Berlin über Herz-Kreislauf-Erkrankungen bei Frauen und Präventionsansätze aufgeklärt. In Workshops zu gesunder Ernährung, richtiger Bewegung und zur Work-Life-Balance erhielten Interessierte zudem praktische Tipps. Einen ähnlichen Workshop haben wir bereits zweimal für Mitarbeiterinnen unseres Kunden REWE durchgeführt.

Ergonomie-Coachings, Fitness- und Crosstrainertests oder Schutzimpfungen sind nur einige Beispiele unserer Gesundheitsangebote für Mitarbeiter. Auf große Resonanz unserer Mitarbeiterinnen stieß zudem unser Workshop zur Frauenherzgesundheit. Bereits 2007 hat die Coca-Cola Erfrischungsgetränke AG das betriebliche Gesundheitsmanagement eingeführt, um durch gezielte Maßnahmen Gesundheitspotentiale zu fördern, Gesundheitsrisiken zu minimieren, Arbeitsbedingungen zu verbessern und das Gesundheitsbewusstsein zu stärken.

Fanta Spielplatz-Initiative

Mit der Fanta Spielplatz-Initiative engagiert sich Coca-Cola Deutschland 2015 im vierten Jahr für kreatives und sicheres Spielen in ganz Deutschland. Ziel der Initiative ist es, Aufmerksamkeit dafür zu schaffen, wie wichtig freies und kreatives Spielen für die geistige, soziale und motorische Entwicklung des Kindes ist. 140 Spielplatz-Träger hatten sich im Frühjahr 2013 bei der Fanta Spielplatz-Initiative beworben. In einer Onlineabstimmung konnten Verbraucher entscheiden, welche Spielplätze einen Sanierungszuschuss von bis zu 5.000 Euro oder ein kreatives Spielelement erhalten sollten. Zu den Gewinnern 2013 zählte z.B. der mittlerweile fertig sanierte Spielplatz „Marie Juchacz" im brandenburgischen Wriezen. In dem Jahr unterstützte Fanta 100 Spielplätze mit insgesamt 180.000 Euro.

Außerdem engagierten sich 2014 insgesamt 850 Mitarbeiterinnen und Mitarbeiter einen Arbeitstag lang auf Spielplätzen, in den Tafeln und vielen anderen sozialen Einrichtungen im Rahmen unseres jährlich stattfindenden Aktionsmonats Nachhaltigkeit. ■

AUF EINEN BLICK

- Nachhaltigkeit ist eine Säule der Unternehmensstrategie von Coca-Cola weltweit und in Deutschland.
- Die Nachhaltigkeitsstrategie „Me, We, World" richtet sich aus am individuellen Wohlbefinden „Me", an der Stärkung des gesellschaftlichen Zusammenhalts „We" und am Umweltschutz „World".
- Zur Umsetzung gibt es klare Ziele bis 2020 für alle wesentlichen Handlungsfelder, die in die Businesspläne integriert sind.
- Auch 2014 konnten in wesentlichen Bereichen des Kerngeschäfts Fortschritte erzielt werden.
- Darüber hinaus erwarten die Anspruchsgruppen, dass Coca-Cola die Stärke seiner Marken für gesellschaftliche Aufgaben einsetzt. Das setzt Coca-Cola mit mehreren Markenrogrammen um.
- An „Mission Olympic – Gesucht: Deutschlands aktivste Stadt" beteiligten sich 2,4 Millionen Menschen.
- Lift und Special Olympics Deutschland fördern gemeinsame Laufgruppen von geistig behinderten und nicht behinderten Menschen.
- Coca-Cola light setzt sich für die Herzgesundheit von Frauen ein.
- Die Fanta Spielplatz-Initiative engagiert sich bereits im vierten Jahr für kreatives und sicheres Spielen.
- Über 850 Mitarbeiter halfen 2014 bei sozialen Projekten.

Kontakt

Coca-Cola GmbH
Uwe Kleinert
Leiter Nachhaltigkeit und Unternehmensverantwortung
Stralauer Allee 4
10245 Berlin
T +49 (0) 30 / 2 26 06 - 94 34
F +49 (0) 30 / 2 26 06 - 91 10
E ukleinert@coca-cola.com
W www.coca-cola.com

Gesellschaftliche Herausforderungen angehen

Als globales Unternehmen stellt sich die Deutsche Bank gesellschaftlichen Herausforderungen. Ihre Initiativen sorgen für mehr Bildungsgerechtigkeit, verbessern die Zukunftsperspektiven junger Menschen und stärken die Gemeinwesen, in denen die Bank tätig ist. Kunst- und Kulturangebote macht sie einem breiten Publikum zugänglich und fördert Nachwuchstalente. Das Engagement ihrer Mitarbeiter und aktive Beiträge zur gesellschaftspolitischen Diskussion verstärken die Wirkung der Projekte.

Die Öffentlichkeit legt bei Banken nicht nur hohe ethische Maßstäbe an, sondern erwartet auch, dass sie ihrer gesellschaftlichen Verantwortung gerecht werden. Mit ihrem Engagement geht die Deutsche Bank soziale Herausforderungen an – und hat dabei eine lange Tradition. Bereits 1876 gründete sie einen Pensions- und Unterstützungsfonds für Mitarbeiter. Begabte junge Künstler fördert die Bank seit den späten 1920er Jahren; und in Wissenschaft, Forschung und Lehre investiert sie seit vielen Jahrzehnten. Heute gehören die Deutsche Bank und ihre Stiftungen mit einem Fördervolumen von jährlich rund 80 Millionen Euro zu den engagiertesten Unternehmensbürgern weltweit. Allein im Jahr 2014 erreichten ihre Programme mehr als 5,8 Millionen Menschen.

„Born to Be": Bildung und Chancengerechtigkeit im Fokus

Seit jeher bildet die Förderung von Bildung und Chancengerechtigkeit einen Fokus des Engagements. Und dies ist aktueller denn je: Laut einer Studie der Zeitschrift „The Economist" sind weltweit mehr als 300 Millionen junge Menschen arbeitslos. Noch immer gibt es 250 Millionen Kinder,

Leistung aus Leidenschaft

Deutsche Bank

Gründung:	1870 in Berlin
Branche:	Finanzdienstleistungen
Bilanzsumme 2014:	1.718 Mrd. Euro
Mitarbeiter:	98.138 weltweit

die weder lesen noch schreiben können. Vor diesem Hintergrund hat die Bank ihre Bildungsinitiativen strategisch neu ausgerichtet und bündelt sie seit 2013 unter dem Leitgedanken „Born to Be". Die „Born to Be"-Projekte setzen frühzeitig an, um struktureller Benachteiligung entgegenzuwirken und die Beschäftigungsfähigkeit junger Menschen zu fördern. Die einzelnen Initiativen zielen darauf ab, Selbstvertrauen zu stärken, den Aufbau von Kompetenzen zu unterstützen und den Zugang zu Bildungs- und Beschäftigungsangeboten zu erleichtern. 2014 konnten damit weltweit mehr als 1 Million junge Menschen erreicht werden.

Menschen und Gemeinschaften stärken

Das Projektportfolio im Bereich Social Investments konzentriert sich auf drei Themen: die Förderung von Sozialunternehmen und Start-ups, Beiträge zur sozialen und wirtschaftlichen Stabilisierung benachteiligter Regionen sowie die Unterstützung von Menschen in Not. Dabei bringt die Bank gezielt ihre Expertise und ihr Netzwerk als Finanzdienstleister ein. Als Vorreiter im Bereich Mikrofinanzierung hat die Bank seit 1997 etwa 330 Millionen US-Dollar an über 130 Mikrofinanzinstitute in 51 Ländern vergeben und damit etwa 3,9 Millionen Mikrokredite im Gesamtvolumen von 1,75 Milliarden US-Dollar ermöglicht. In den USA unterstützt sie seit mehr als 20 Jahren Initiativen zur Schaffung bezahlbaren Wohnraums. Das Engagement geht dabei weit über die gesetzlichen Vorgaben des Community Reinvestment Act (CRA) hinaus – die Federal Reserve Bank hat die Deutsche Bank durchweg mit dem Prädikat „outstanding" gewürdigt. Innovative Konzepte für urbane Räume und für den Heimatmarkt Deutschland fördert die Deutsche Bank mit der Konferenzreihe „Urban Age" der Alfred Herrhausen Gesellschaft und mit der Standortinitiative „Ausgezeichnete Orte im Land der Ideen". Zukünftig wird die Bank Sozialunternehmer noch gezielter unterstützen. Der Bedarf ist groß; jedes vierte in der EU gegründete Unternehmen ist ein Social Business.

Rund 17.000 Mitarbeiter engagieren sich weltweit als Corporate Volunteers.

Kompetenzen weitergeben

Bereits seit mehr als 20 Jahren unterstützt die Bank das Engagement ihrer Mitarbeiter für gemeinnützige Projekte. Corporate Volunteering ist längst integraler Teil der Unternehmenskultur. Im Jahr 2014 waren rund 17.000 Mitarbeiter weltweit (21 Prozent der Belegschaft; in Deutschland sogar 26 Prozent) über 190.000 Stunden als Corporate Volunteers aktiv. Zunehmend engagieren sich Mitarbeiter als Mentoren oder stellen ihr Fachwissen gemeinnützigen Organisationen, Mikrofinanzinstituten, Sozialunternehmen und wissenschaftlichen Einrichtungen zur Verfügung. Im Rahmen des „Corporate Community Partnership"(CCP)-Programms entsendet die Bank beispielsweise Führungskräfte zu Organisationen in Entwicklungs- und Schwellenländern. Darüber hinaus engagieren sich Mitarbeiter in ihrem lokalen Umfeld im Rahmen von Social Days – diese sind auch fester Bestandteil des Programms für Auszubildende und Praktikanten.

Zugang schaffen

Eine langfristige Zusammenarbeit mit renommierten Kultureinrichtungen zeichnet das Engagement der Bank für Kunst und Musik aus. Ihre Partnerschaft mit den Berliner Philharmonikern, die 2014 ihr 25-jähriges Bestehen feierte, hat nicht nur die einzigartige „Digital Concert Hall" hervorgebracht, sondern seit 2002 mit dem Education-Programm auch mehr als 37.000 Kinder und Jugendliche erreicht.

Zudem ermöglicht die Sammlung Deutsche Bank seit mehr als 35 Jahren den Zugang zu zeitgenössischer Kunst an über 900 Standorten der Bank, in Ausstellungen, durch Partnerschaften und Vermittlungsprogramme. Eine Plattform für internationale Gegenwartskunst bietet die Deutsche Bank KunstHalle in Berlin. 2014 konnten dort fast 85.000 Besucher und mehr als 10.000 Teilnehmer bei Sonderveranstaltungen und in Vermittlungsprogrammen begrüßt werden.

Wirkungsmessung des gesellschaftlichen Engagements

Neben der Fokussierung der Förderprogramme und der verstärkten Einbindung von Interessensgruppen hat die Bank in den vergangenen Jahren die Wirkungsmessung ihres Engagements konsequent ausgebaut und mit dem „Deutsche Bank Global Impact Tracking" (GIT) ein Managementtool entwickelt, das ihr relevante Erkenntnisse über Projekteffizienz, -qualität und -steuerung liefert. GIT evaluiert alle zentral und regional gesteuerten Corporate-Citizenship-Projekte und erfasst zudem systematisch Rückmeldungen der Partner. Die GIT-Analysen zeigen, dass das Engagement der Deutschen Bank die Identifikation der Mitarbeiter mit dem Unternehmen stärkt, die Kundenbindung steigert und Vertrauen schafft.

Um Kunden, Mitarbeiter und Öffentlichkeit umfassend zu informieren, erweitert die Bank kontinuierlich ihr Kommunikationsportfolio, das von Online-, Print- und Social-Media-Angeboten bis hin zu Events und der klassischen Pressearbeit reicht. Darüber hinaus ist die Teilnahme an firmen- und branchenübergreifenden Arbeitsgruppen und Konferenzen wesentlicher Bestandteil des intensiven Stakeholderdialogs. Auch hier setzt die Deutsche Bank auf Partnerschaften, um die Zukunft unternehmerischer Verantwortung aktiv mitzugestalten.

Weitere Informationen zum Corporate-Responsibility-Engagement der Deutschen Bank – auch im Bereich Nachhaltigkeit – finden Sie im Bericht „Unternehmerische Verantwortung 2014" und im CR-Portal unter db.com/verantwortung. ■

AUF EINEN BLICK

Gesellschaftliches Engagement der Deutschen Bank und ihrer Stiftungen im Jahr 2014

- Die Corporate-Citizenship-Programme erreichten mehr als 5,8 Millionen Menschen weltweit.
- Mit den „Born to Be"-Initiativen wurden mehr als 1 Million Kinder und Jugendliche darin unterstützt, ihr Potential zu entfalten.
- Rund 1,6 Millionen Menschen profitierten weltweit von den sozialen Projekten.
- Etwa 3,9 Millionen Mikrokredite im Gesamtvolumen von ca. 1,75 Mrd. US-Dollar wurden mit Hilfe der Deutschen Bank seit 1997 ermöglicht.
- 5.000 Teilnehmer an 13 Urban-Age-Konferenzen der Alfred Herrhausen Gesellschaft seit 2005
- 2.755 Projekte wurden im Wettbewerb „Ausgezeichnete Orte im Land der Ideen" seit 2006 prämiert.
- Mehr als 3 Millionen Menschen wurden mit Kunst- und Musikangeboten erreicht.
- Mehr als 37.000 Kinder und Jugendliche haben seit 2002 an dem Education-Programm der Berliner Philharmoniker teilgenommen.
- Rund 17.000 Mitarbeiter (21 Prozent der Belegschaft) waren weltweit über 190.000 Stunden als Corporate Volunteers aktiv.

Kontakt

Deutsche Bank AG
Michael Münch
Head of Corporate Citizenship Germany
Taunusanlage 12
60325 Frankfurt am Main
T +49 (0) 69 / 9 10 - 3 58 66
F +49 (0) 69 / 9 10 - 3 83 71
E michael.muench@db.com
W www.deutsche-bank.de/gesellschaft

Zukunft in unseren Händen – gesellschaftliche Verantwortung bei der Dussmann Group

Für das weltweit tätige Familienunternehmen Dussmann Group steht eine verantwortungsvolle Entwicklung an oberster Stelle. Nachhaltiges unternehmerisches Handeln und Weitblick sind die Säulen, auf denen die Zukunft aufbaut. Im Fokus: nachhaltige Dienstleistungen, soziale Verantwortung für die Mitarbeiter, ressourceneffiziente interne Prozesse und Engagement für die Gesellschaft.

Seit mehr als 50 Jahren bietet die Dussmann Group Dienstleistungen rund um den Menschen. Die Grundlage ihres unternehmerischen Handelns bildet die Selbstverpflichtung, soziale Verantwortung zu übernehmen, neben der hohen Dienstleistungsqualität besonders auf den Schutz unserer Umwelt zu achten und wirtschaftlich nachhaltig zu agieren. Der Multidienstleister sucht die partnerschaftliche Zusammenarbeit mit allen Akteuren aus Wirtschaft, Gesellschaft, Politik, Medien und Wissenschaft, um zu allen Themen von gemeinsamem Interesse eine verantwortungsvolle Haltung und konstruktive Lösungsvorschläge zu entwickeln.

Um dies auch nach außen zu tragen, entwickelte die Dussmann Group bereits 2011 ein Konzept zur gesellschaftlichen Verantwortung: das „Dussmann EcoSystem". Das Engagement in den Bereichen Ökonomie, Ökologie und Soziales findet in allen Dienstleistungen Anwendung und folgt den Prinzipien des „Dussmann EcoSystem". Dazu gehören neben Kosteneffizienz und hohen Sozialstandards auch ressourcenschonende Reinigungsverfahren, energiesparende Gebäudetechnik sowie nachhaltig erzeugte und sichere Lebensmittel. Diese Standards werden immer stärker auch im internationalen Maßstab in den 20 Landesgesellschaften durchgesetzt.

Ein Nachhaltigkeitsboard auf Vorstandsebene analysiert regelmäßig die Herausforderungen in Markt und Gesellschaft, entscheidet über neue Angebote und Strukturen, bezieht die Stakeholder in die Nachhaltigkeitsstrategie ein und kontrolliert deren operative Umsetzung.

Dienstleistungen rund um den Menschen

Die 61.000 Mitarbeiterinnen und Mitarbeiter sind in einem Dienstleistungsunternehmen wie der Dussmann Group der größte Wert und stehen im Mittelpunkt des Nachhaltigkeitsengagements. Die Menschen bei Dussmann arbeiten in über 250 verschiedenen Berufen, z.B. als Gebäudereiniger, Pflegekraft, Bereichsleiter oder Koch, aber auch als Buchhändler, Pädagoge und Sachbearbeiter sowie als Führungskraft in kaufmännischen Berufen. Für alle gehören eine faire und pünktliche Entlohnung, ein respektvolles Miteinander und gute Arbeitsbedingungen ebenso zu Dussmann wie vielfältige Aufstiegsmöglichkeiten und ein vorbildliches Führungsverhalten.

Dussmann Group

Dussmann Group

Gründung:	1963, München
Branche:	Dienstleistung
Umsatz 2013:	1,843 Mrd. Euro
Mitarbeiter:	30.500 in Deutschland, 61.000 weltweit

Nachhaltige Dienstleistungen

„Die Bedürfnisse und Wünsche der Kunden bilden die Grundlage, auf der wir unsere nachhaltigen Dienstleistungsangebote rund ums Gebäude entwickeln", fasst Dussmann-Vorstand Hartmut Engler den Ansatz zusammen. Handfeste, wirtschaftlich sinnvolle Projekte können nachweislich die Nachhaltigkeitsbilanz der Kunden verbessern. Damit die Nachhaltigkeitskette durchgängig gilt, legt die Dussmann Group großen Wert auf das Leistungsvermögen ihrer Lieferanten. Der Dussmann-Wertekanon, der Code of Conduct, ist für alle Mitarbeiter bindend und gilt ebenso für die Lieferanten.

In der Gebäudereinigung entsprechen 100 Prozent der Dienstleistungen in neuen Objekten dem „Dussmann EcoSystem"-Standard. Nur biologisch abbaubare und hochkonzentrierte Produkte, hochkomprimierte Hygienepapiere mit FSC-Siegel sowie

Nachhaltigkeit steht bei Dussmann auch auf dem Speiseplan. Auf Kundenwunsch werden Catering-angebote gemäß EG-Öko-Verordnung Bio-zertifiziert.

Der soziale Zusammenhalt wird stärker, wenn Bildung und Kultur gefördert werden. Dafür engagieren sich Dussmann-Mitarbeiter beim jährlichen Social Day.

effiziente Reinigungsmaschinen, die Wasser, Chemie und Energie sparen, kommen zum Einsatz. Ein Beispiel dafür sind Eco-Sauger: Sie verbrauchen 40 Prozent weniger Strom, haben einen um 70 Prozent geringeren Geräuschpegel und ermöglichen den Reinigungskräften ein rückenschonendes Arbeiten.

In der Gebäudetechnik können die Mitarbeiter mit Hilfe von „Eco-Briefings" Schwachstellen in den Kundenobjekten erkennen und Energieverschwendung im Ansatz vermeiden. Um sinkende Betriebskosten und damit eine bessere Umweltbilanz zu erreichen, unterstützt die Dussmann Group Kunden mit einer Analyse aller Energieverbräuche und unterbreitet Vorschläge zur technischen Modernisierung und Verbesserung der Energieeffizienz. Indem beispielsweise von konventioneller Beleuchtung auf LED-Technik umgestellt wird, kann der Energieverbrauch auf einen Bruchteil reduziert werden.

In der Cateringsparte wird das Angebot nachhaltig erzeugter Lebensmittel kontinuierlich vergrößert, seien es zertifizierte Bioprodukte, Fisch aus nachhaltigem Fang gemäß MSC-Standard, Fair-Trade-Produkte oder Eier ausschließlich aus Bodenhaltung. Die regionale Lieferantenstruktur stellt frische Rohstoffe und Produkte, die so weit wie möglich saisonal sind, bei kurzen Anfahrtswegen sicher. Mit allen Lebensmitteln und Materialien wird so umgegangen, dass möglichst wenig Abfall entsteht.

Ressourceneffiziente Prozesse

Auch für die Prozesse im eigenen Unternehmen gehört es zu den obersten Prinzipien, die natürlichen Ressourcen zu schonen. Die wichtigsten Handlungsfelder sind dabei eine emissionsarme Transportlogistik, energieeffiziente Gebäude und eine hohe Recyclingquote.

Die Fahrzeugflotte wurde mit der Umstellung auf verbrauchsarme Kraftfahrzeuge und die Nutzung alternativer Antriebsarten weitgehend modernisiert. Umweltfreundlichkeit und Energieeffizienz stehen auch bei der 2014 begonnenen Gebäudemodernisierung des Dussmann-Hauses ganz oben. Seit diesem

Jahr wird das Haus durchgängig mit Strom aus regenerativen Quellen versorgt. Bis 2016 sollen alle firmeneigenen Gebäude umgestellt werden.

Engagement für die Gesellschaft

Die Verantwortung für das Gemeinwesen wurde von Beginn an vom Unternehmensgründer Peter Dussmann geprägt. „Es ist die Aufgabe eines jeden erfolgreichen Unternehmens, der Gesellschaft einen Teil zurückzugeben", sagte er einmal. Die langjährige Unterstützung der Staatsoper Unter den Linden führt die Dussmann Group nach seinem Tod im Jahr 2013 fort. Die Einnahmen des jährlichen Staatsopern-Sonntags im von Dussmann betriebenen KulturKaufhaus werden an den Verein der Freunde und Förderer der Staatsoper Unter den Linden e.V. gespendet. Außerdem finanziert Dussmann die Räumlichkeiten des Vereins.

Die Schwerpunkte des gesellschaftlichen Engagements sind die kulturelle Bildung von Kindern und Jugendlichen, Hilfe für Menschen, die weniger haben als wir, die Förderung des musikalischen Nachwuchses und die Stärkung des Kulturstandortes Berlin. So wurden weit über 100 Kinderbibliotheken an Kindereinrichtungen gespendet. Jährlich findet der Dussmann-Musikwettbewerb mit den Schülern des Berliner Musikgymnasiums Carl Philipp Emanuel Bach statt. Und jeden Herbst finden sich zahlreiche Dussmann-Mitarbeiter zum Social Day zusammen, um tatkräftig in Kindereinrichtungen zu helfen.

Ein aktuelles Projekt: Im Herzen Berlins entsteht mit The House of One ein gemeinsames Gotteshaus für Juden, Christen und Muslime. Durch Spendenaktionen unterstützt die Dussmann Group dieses faszinierende Vorhaben, das sich für einen friedvollen Dialog zwischen den Religionen einsetzt. Wir alle haben es gemeinsam in unseren Händen, dass die Welt zukünftig ein lebenswerter Ort bleibt. ■

AUF EINEN BLICK

Mitgliedschaften u.a.

- Neumitglied in der AmCham Germany
- GEFMA (Deutscher Verband für Facility Management) und GEFMA-Arbeitskreis Nachhaltigkeit

Auszeichnungen u.a.

- Caterer des Jahres 2013 für das nachhaltig ausgerichtete Restaurant „Ursprung" im Berliner Dussmann-Haus (www.ursprung-berlin.com)
- Deutscher Preis für Denkmalschutz 2003

Profil

Mit über 61.000 Mitarbeitern in 20 Ländern bietet die Dussmann Group Dienstleistungen rund um den Menschen an. Der größte Geschäftsbereich Dussmann Service erbringt aus einer Hand Gebäudetechnik, Catering, Sicherheits- und Empfangsdienste, Gebäudereinigung, kaufmännisches Management und Energiemanagement. Als Komplettanbieter für kälte- und klimatechnische Ausrüstungen übernimmt die Unternehmenstochter Dresdner Kühlanlagenbau GmbH, DKA, den Bau und den Service für Kühl- und Klimaanlagen. Der Geschäftsbereich Kursana sorgt für die Betreuung und die Pflege von 13.600 Senioren. Darüber hinaus betreibt die Dussmann Group das KulturKaufhaus in Berlin und bietet betriebsnahe Kinderbetreuung mit den Dussmann KulturKindergärten.

Kontakt

Dussmann Stiftung & Co. KGaA
Michaela Mehls
Leiterin Unternehmenskommunikation
Friedrichstraße 90
10117 Berlin
T +49 (0) 30 / 20 25 - 25 26
F +49 (0) 30 / 20 25 - 25 40
E presse@dussmann.de
W www.dussmanngroup.com

Nachhaltigkeit als Wachstumstreiber

Nachhaltigkeit ist tief verankert in der unternehmerischen DNA von Evonik, also in der Suche nach innovativen Lösungen, die helfen, das Leben sicherer, gesünder und komfortabler zu machen. Das heißt auch, die Auswirkungen des eigenen Handelns entlang aller Lebensphasen eines Produkts stetig zu überprüfen. So schafft Evonik nachhaltig Wert und findet gemeinsam mit seinen Kunden Antworten auf drängende Zukunftsfragen.

Weltweit engagiert sich Evonik als guter Nachbar.

Evonik ist davon überzeugt, dass nachhaltiges Wirtschaften und verantwortungsvolles Handeln Voraussetzungen für die Zukunftsfähigkeit von Unternehmen sind. Nach den Prognosen des „Living Planet Report 2012" des WWF zum Gesundheitszustand der Welt würden wir im Jahr 2030 zwei Erden brauchen, denn bereits heute verbraucht die Menschheit weltweit durchschnittlich zweimal so viel an Ressourcen pro Jahr, wie der Planet erneuern kann. Eine Vorstellung, die nachdenklich stimmt, vor allem aber Ansporn ist, Produkte zu entwickeln, die einen spürbaren Beitrag zur Nachhaltigkeit leisten.

Evonik stellt sich dieser Verantwortung weltweit für seine Geschäfte, seine Mitarbeiter, die Gesellschaft und die Umwelt. Mit innovativen Produkten, Systemen und Lösungen leistet Evonik einen Beitrag zu einer nachhaltigeren Entwicklung entlang mächtiger Megatrends wie Gesundheit, Ernährung, Ressourceneffizienz oder Globalisierung. Eine wichtige Rolle spielt dabei die marktorientierte Forschung & Entwicklung, sei es in den operativen Geschäftsbereichen oder in der Creavis als zentraler Forschungseinheit von Evonik.

Entwicklung innovativer Produkte und Anwendungen

Zu den jüngsten Highlights dieser Forschung zählen neuartige Aminosäure-Derivate, die als Futtermitteladditive in der Aquakultur eingesetzt werden, ein hochtransparenter Wärmeschutz für Fensterscheiben oder die Entwicklung neuartiger Hohlfasermembranmodule, die unter dem Namen „SEPURAN® Green" die Aufbereitung von Biogas zu Biomethan deutlich effizienter machen. Evonik wurde dafür mit dem „Deutschen Innovationspreis für Klima und Umwelt 2013" in der Kategorie „Umweltfreundliche Technologien" ausgezeichnet, der vom

EVONIK INDUSTRIES

Evonik Industries

Gründung:	Evonik Industries AG 2007, Vorgängergesellschaften seit 1847
Branche:	Chemie
Umsatz 2014:	12,917 Mrd. Euro weltweit
Mitarbeiter:	21.435 in Deutschland, 33.412 weltweit

Bundesministerium für Umwelt, Naturschutz, Bau und Reaktorsicherheit und vom Bundesverband der Deutschen Industrie (BDI) vergeben wird.

Wissenschaftler von Evonik haben auch eine Methode entwickelt, um bereits im frühen Entwicklungsstadium den CO_2-Fußabdruck eines Produkts oder Verfahrens abzuschätzen. Nach dem erfolgreichen Abschluss des Projekts Ende 2013 soll die Methode nun auch auf weitere Umweltkennzahlen und soziale Indikatoren ausgeweitet werden. Aus einer gemeinsamen Forschungsarbeit von Creavis und operativen Einheiten hervorgegangen ist schließlich auch eine Alternative zum erdölbasierten Laurinlactam. Damit ist ein wichtiger Schritt hin zur Herstellung biobasierter nachhaltiger Hochleistungskunststoffe getan. Langfristig kann das neue Verfahren die Butadienbasierte Herstellung von Polyamid (PA) 12 ergänzen. Zurzeit erfolgt die Prozessentwicklung für den großindustriellen Maßstab in einer Pilotanlage in Slovenska L'upča (Slowakei). Erste Chargen von Polyamid aus diesem Vorprodukt wurden bereits erfolgreich zu Rohren verarbeitet und getestet.

Nicht nur bei Produkten und Lösungen, sondern auch mit Blick auf die eigenen Prozesse und Arbeitsabläufe ist Nachhaltigkeit fest im Unternehmensalltag von Evonik verwurzelt. Die langfristigen Umweltziele, die sich der Konzern für den Zeitraum von 2004 bis 2014 gesetzt hat, konnten bereits zwei Jahre früher erreicht werden. Auf diesem Erfolg setzen nun die neuen anspruchsvollen Ziele für den Zeitraum von 2013 bis 2020 auf: In dieser Spanne will Evonik seine spezifischen Treibhausgase um weitere 12 Prozent und seinen spezifischen Wasserverbrauch um 10 Prozent senken.

„Together for Sustainability" – für mehr Nachhaltigkeit in der Lieferkette

Ebenso wichtig wie die ökologischen Ziele sind für Evonik die sozialen Aspekte der unternehmerischen Tätigkeit. Das fängt bei Gesundheit und Arbeitssicherheit der eigenen Mitarbeiter an, setzt sich in der Akzeptanz als guter Nachbar an weltweiten Standorten fort und umfasst auch die faire Zusammenarbeit mit Geschäftspartnern und Zulieferern auf Grundlage verbindlicher Standards. Für ein produzierendes Unternehmen ist insbesondere die Versorgung mit Rohstoffen essentiell. Gleichzeitig achten Unternehmen wie Endverbraucher bei ihrem Einkauf zunehmend auf eine dokumentierte Nachhaltigkeit der Lieferkette. Deshalb hat Evonik gemeinsam mit anderen führenden Chemieunternehmen die Initiative „Together for Sustainability" ins Leben gerufen. Ziel ist die Verbesserung der Nachhaltigkeit entlang der gesamten Lieferkette. Transparenz und Effizienz sollen erhöht, ökologische wie soziale Standards bei den Lieferanten gezielt gestärkt werden.

Engagement in Sachen Nachhaltigkeit wird honoriert

Dass das umfangreiche Engagement von Evonik für die eigene nachhaltige Entwicklung am Ende auch vom Kapitalmarkt honoriert wird, ist eine wertvolle Bestätigung der kontinuierlichen Arbeit. So hat die Nichtregierungsorganisation CDP (vormals Carbon Disclosure Project) Evonik bei der erstmaligen Teilnahme an der CDP-Befragung auf sehr hohem Niveau bewertet. CDP erhebt im Auftrag von Investoren weltweit Treibhausgasdaten von Unternehmen sowie Informationen zu Klimastrategien und deren Umsetzung. Die Organisation vertritt 767 Investoren mit einem Anlagevermögen von 92 Billionen US-Dollar. Im „Climate Disclosure Score", der die Vollständigkeit der Berichterstattung abbildet, erhielt Evonik 91 von 100 Punkten. Zum Vergleich: Im Durchschnitt erreichten die Teilnehmer aus Deutschland, Österreich und der Schweiz 69 Punkte. Im „Climate Performance Score" wurde Evonik mit B bewertet. Auf der Skala von A bis E wurde im Durchschnitt ein C vergeben. Die Einstufung spiegelt die Qualität der Berichterstattung in Verbindung mit der Managementleistung wider. Darüber hinaus

Alle Mitarbeiter haben die nachhaltige Entwicklung im Blick.

wurde Evonik vor kurzem in die Börsenindizes für verantwortungsbewusstes Investment FTSE4Good Europe und FTSE4Good Global aufgenommen. STOXX Limited führt das Unternehmen neuerdings im Index der Global ESG Leaders. Die Ratingagentur Sustainalytics sieht Evonik bei der Bewertung der Nachhaltigkeitsleistung von aktuell 157 betrachteten Unternehmen der Branche unter den Top 5.

Die Beispiele zeigen: Nachhaltigkeit ist ein ökonomischer, ökologischer und sozialer Wachstumstreiber in der unternehmerischen Entwicklung von Evonik. Was heute noch drängende Zukunftsfragen sind, können morgen längst schon neue Märkte sein. Mit weltweit rund 33.000 Mitarbeitern arbeitet Evonik daran, die passenden Antworten für diese Märkte von morgen bereitzustellen. ■

AUF EINEN BLICK

Engagement in Netzwerken und Mitgliedschaften

- **Responsible Care**
  Evonik gehört zu den Mitunterzeichnern der „Responsible Care Global Charter" des Weltchemieverbands ICCA. Den Vorgaben der Initiative hat sich Evonik verpflichtet.
- **World Business Council for Sustainable Development**
  Evonik unterstützt als Mitglied die Ziele des World Business Council for Sustainable Development (WBCSD), eines internationalen Business-Leadership-Forums, in dem sich rund 200 Unternehmen dem Ziel nachhaltiger Entwicklung verschrieben haben.
- **econsense**
  Evonik ist Gründungsmitglied bei econsense – Forum Nachhaltige Entwicklung der Deutschen Wirtschaft, einem Zusammenschluss führender Unternehmen und Organisationen der deutschen Wirtschaft zu den Themen Corporate Social Responsibility (CSR) und nachhaltige Entwicklung.
- **Global Reporting Initiative**
  Evonik unterstützt die Global Reporting Initiative (GRI) als Organizational Stakeholder. GRI ist eine netzwerkbasierte Organisation, die den Weg für die Entwicklung des weltweit meistverwendeten Standards zur Nachhaltigkeitsberichterstattung bereitet hat. An diesem orientiert sich Evonik seit 2009.
- **UN Global Compact**
  Im Jahr 2010 ist Evonik dem UN Global Compact beigetreten. Evonik fördert dessen Prinzipien, die eine nachhaltige und ethische Unternehmensführung zum Ziel haben.

Kontakt

Evonik Industries AG
Stefan Haver
Head of Corporate Responsibility
Rellinghauser Straße 1–11
45128 Essen
T +49 (0) 2 01 / 1 77 - 33 88
F +49 (0) 2 01 / 1 77 - 31 81
E stefan.haver@evonik.com
W www.evonik.de

Unterwegs zu nachhaltiger Mobilität

Bereits Henry Ford formulierte das Leitbild von Nachhaltigkeit: „A business that makes nothing but money is a poor business." Dieses Grundprinzip unternehmerischer Verantwortung belebte Henry Ford, indem er Spitzenlöhne zahlte und das Auto für die breite Bevölkerung erschwinglich machte. In dieser Tradition steht das Unternehmen Ford auch heute noch und entwickelt Ideen für eine nachhaltige Mobilität.

Dieser berühmte Satz von Henry Ford unterstreicht die gesellschaftliche Verantwortung von Unternehmen, für Umwelt und Menschen positiv zu wirtschaften. Diese traditionellen Werte des Familienunternehmens sind bei Ford fest verankert und werden als Unternehmenskultur gelebt. Der gesamte Fahrzeug-Lebenszyklus ist dabei im Blick – vom Lieferkettenmanagement über die umweltschonende Fertigung bis hin zu verbrauchs- und emissionsarmen Fahrzeugen. Es geht aber auch um verantwortungsvolles Handeln als „good corporate citizen".

Ganzheitliche Verantwortung: Nachhaltigkeitsmanagement

Gesellschaftliche Verantwortung eines globalen Unternehmens ist sehr komplex und lässt sich nicht von einer zentralen Abteilung wahrnehmen. Bei Ford ist daher das Prinzip Nachhaltigkeit über die Unternehmenskultur und zentralisierte Prozesse in alle Fachbereiche integriert. Statt zentral gelenkt verantworten Ford-Expertenteams ihre konkreten Nachhaltigkeitsziele. So werden spezifische Ziele quantifiziert und Maßnahmen mit Erfolgskontrolle umgesetzt, z.B. für Produktentwicklung, Einkauf und Produktion. Die Produktentwicklung ist hierbei z.B. verantwortlich für die Einhaltung von Umweltgesetzen und internationalen Anforderungen für CO_2-Flottenemissionen. Der Einkauf verantwortet das Lieferkettenmanagement und sorgt für die Einhaltung sozialer und ökologischer Standards bei Zulieferern. Zusätzlich werden strategisch relevante Nachhaltigkeitsthemen identifiziert, insbesondere mit Kundenrelevanz. Beispielsweise produziert die eigens installierte Photovoltaikanlage im Kölner Ford-Werk so viel „grünen" Strom, dass rein rechnerisch deutschlandweit alle Fahrer eines batterieelektrischen Ford Focus mit regenerativem Strom versorgt werden könnten. Aber auch Fahrer von Fahrzeugen mit Verbrennungsmotor profitieren von nachhaltigen Initiativen: Bereits seit dem Jahr 2000 bietet Ford mit „Eco-Driving" dezentrale Spritspartrainings an, die helfen, durch einen entspannten und vorausschauenden Fahrstil durchschnittlich bis zu 25 Prozent Kraftstoff einzusparen und zugleich die Verkehrssicherheit zu erhöhen.

Ein gutes Beispiel für die Anwendung und Relevanz des Nachhaltigkeitsmanagements ist der bereits drei Mal in Folge als „International Engine of the Year" prämierte 1-Liter-EcoBoost-Motor. Bei diesem nur 97 Kilogramm leichten Dreizylinder ließ sich der Benzinverbrauch um rund 1 Liter pro 100 Kilometer reduzieren; das senkt die spezifischen CO_2-Emissionen um 23 Gramm pro Kilometer bzw. bis zu 20 Prozent. Das ist gleichermaßen positiv für Kunden, Ford und die Umwelt: Ein geringerer Kraftstoffverbrauch bedeutet geringere Betriebskosten, und die CO_2-Flottenemissionen verringern sich stärker als gesetzlich gefordert.

Ford

Gründung:	1925 in Deutschland
Branche:	Automobil
Umsatz 2013:	17,3 Mrd. Euro
Mitarbeiter:	24.000 in Deutschland, 187.000 weltweit

Ford im Dialog: Ludwigsburger Erklärung

Ford hat von allen in Deutschland produzierenden Automobilherstellern die geringsten europäischen CO_2-Flottenemissionen. Über dieses und andere wichtige Produktthemen hinaus hat Ford mit seinem Beitritt zur „Ludwigsburger Erklärung" Ende 2014 seine Bereitschaft bekräftigt, den konstruktiven Dialog mit gesellschaftlichen Gruppen in allen ökologischen und sozialen Nachhaltigkeitsfeldern zu intensivieren und möglichst gemeinsame Lösungen zu erzielen. Damit ist Ford der erste Automobilhersteller, der sich dieser Dialogplattform des Deutschen CSR-Forums für Nachhaltigkeit und Zukunftsfähigkeit angeschlossen hat.

Neue Konzepte für die Mobilität der Zukunft: Ford-Carsharing.

Seit Mai 2000 engagieren sich die Beschäftigten beim Ford-Freiwilligenprogramm „Community Involvement".

Ford investiert Zeit, Mobilität und Geld für die Gemeinschaft. So werden Beschäftigte ermutigt, ihre Perspektive durch informelles Lernen zu erweitern. Dazu wurde im Mai 2000 das Ford-Freiwilligenprogramm „Community Involvement" ins Leben gerufen. Seitdem engagieren sich Ford-Beschäftigte in vielfältiger Weise ehrenamtlich. Im Rahmen von „Community Involvement" stellt Ford unentgeltlich seine Beschäftigten – und damit wertvolles Know-how und Arbeitskraft – für bis zu 16 Stunden pro Jahr für gemeinnützige Aufgaben zur Verfügung und übernimmt so aktiv gesellschaftliche Verantwortung. Die Teilnahme ist freiwillig, ebenso die Entscheidung, an welchem sozialen, ökologischen oder kulturellen Projekt sich Beschäftigte beteiligen – allein 2014 waren es 163 verschiedene Aktionen. Diese werden oft in der Freizeit oder in der nachberuflichen Phase fortgeführt.

Für gemeinnützige Aktionen stellt Ford außerdem kostenfrei Fahrzeuge zur Verfügung. Bis Ende 2014 wurden über 900 Fahrzeugeinsätze sowie fast 1.600 Projekte von über 12.000 Beschäftigten realisiert. Das entspricht allein in Deutschland rund 190.000 Arbeitsstunden. Ergänzt wird dieses Engagement durch die Stiftung „Ford Motor Company Fund", die global seit ihrer Gründung im Jahr 1949 über 1,5 Milliarden US-Dollar in die Bereiche Bildung, Verkehrssicherheit, Nachhaltigkeit/Umwelt und Bürgergesellschaft investiert hat.

Nachhaltige Mobilität: Zukunft im Blick

Um im Geiste von Henry Ford die Lebensbedingungen aller Menschen durch individuelle Mobilität zu verbessern, sind Fahrzeuge mit geringen Emissionen oder Social Investing abseits des Kerngeschäfts lediglich die Basis. Als Anbieter von Mobilität steht Ford vor den Herausforderungen, die ein verändertes Mobilitätsverhalten oder auch die steigende Zahl von Megacitys mit sich bringen. Dazu werden Innovationen angestoßen, die die Mobilität verändern werden – analog zu den Impulsen des Unternehmensgründers Anfang des 20. Jahrhunderts. Innerhalb eines „Smart Mobility"-Plans entwickelt Ford innovative Lösungen mit derzeit 25 Projekten weltweit, davon sieben in Europa. Moderne IT-Applikationen spielen vielfach eine zentrale Rolle, so etwa beim intelligenten Parkplatz-Assistenten oder neuen Carsharing-Konzepten.

Beim Thema „autonomes Fahren" kooperiert Ford mit Hochschulen wie der University of Michigan oder der RWTH Aachen. Das Prinzip: Aktuelle Ford-Technologieträger scannen per Infrarot- und Abstandssensoren LiDAR (Light Detection And Ranging) die Umgebung in einem Radius von 70 Metern; so werden Fahrzeuge, Fußgänger, Radfahrer und sogar kleine Tiere erkannt. Aus diesem Datenstrom entsteht eine virtuelle 3-D-Karte, auf der alle erkannten Objekte lokalisiert werden. In Europa treibt Ford in Kooperation mit der

RWTH Aachen die Entwicklung sogenannter „Human Machine Interface"(HMI)-Bedienkonzepte weiter voran. Diese sind ein wichtiger Baustein beim autonomen Fahren, da sie die direkte Kommunikation zwischen Mensch und Fahrzeug ermöglichen.

Die deutsche Ford-Carsharing-Initiative wurde bereits 2013 in Kooperation mit der Ford-Händler Dienstleistungsgesellschaft mbH (FHD) und der DB Rent GmbH gegründet. Registrierte Ford-Carsharing-Kunden haben inzwischen Zugriff auf ein flächendeckendes Netz von derzeit rund 3.600 Autos in bundesweit über 200 Städten. Zum Fahrzeugpool gehört neben den Autos der Ford-Händler auch die „Flinkster"-Flotte, also das Carsharing-Angebot der Deutschen Bahn. Forschungsergebnisse haben gezeigt, dass ein einziges Carsharing-Fahrzeug bis zu 13 Privatfahrzeuge ersetzen kann, was die Verkehrslage in Innenstädten deutlich entspannen würde. Damit sind heute schon konkrete Ansätze für die Mobilität von morgen sichtbar. ■

Nachhaltigkeit durch innovative Technik: der 1-Liter-Ford-EcoBoost-Motor.

AUF EINEN BLICK

Ganzheitliche Verantwortung

- unternehmerische Verantwortung ist global gelebte Unternehmenskultur
- Nachhaltigkeit im Produktlebenszyklus: Lieferkette, Fertigung, nachhaltige Produkte
- konstruktiver Stakeholderdialog für gesellschaftliche Lösungen
- „good corporate citizen" fokussiert auf Gemeinwohl

Nachhaltigkeitsmanagement

- dezentralisierte Nachhaltigkeitsziele in Fachbereichen, z.B. Produktentwicklung
- Lieferkettenmanagement ist strategisch relevant
- Nutzen für Kunden und Umwelt: kraftstoffeffizienter 1-Liter-EcoBoost-Motor

Corporate Citizenship/Social Investing

- Ford investiert Zeit, Mobilität und Geld in das Gemeinwohl
- Freiwilligenprogramm „Community Involvement" fördert seit 2000 informelles Lernen
- „Ford Motor Company Fund" fördert Bildung, Verkehrssicherheit, Nachhaltigkeit/Umwelt, Bürgergesellschaft seit 1949 mit rund 1,5 Milliarde US-Dollar

Nachhaltige Mobilität

- 25 „Smart Mobility"-Projekte weltweit, z.B. Carsharing und Parkplatz-Assistent
- IT-Applikationen werden Schlüsselrolle spielen
- „autonomes Fahren" ist Forschungsschwerpunkt

Kontakt

Ford-Werke GmbH
Dr. Wulf-Peter Schmidt
Direktor Nachhaltigkeit, Europa
Henry-Ford-Straße 1
50725 Köln
T +49 (0) 2 21 / 9 01 62 02
F +49 (0) 2 21 / 9 01 34 58
E wschmi18@ford.com
W www.ford.de

Ganzheitlich und gemeinschaftlich

Unternehmerische Verantwortung und wirtschaftlicher Erfolg gehen Hand in Hand. Nur wer seiner Verpflichtung gegenüber seinen Stakeholdern, der Umwelt und zukünftigen Generationen nachkommt, verfügt über den nötigen Handlungsspielraum. Bei Goodyear Dunlop manifestiert sich das klare Bekenntnis zu verantwortungsvollem Wirtschaften in einer einerseits umfassenden, andererseits aber auch tiefgreifenden 360-Grad-Strategie.

Der Corporate-Responsibility(CR)-Ansatz von Goodyear Dunlop, dem größten Reifenhersteller Deutschlands und Teil des weltweiten Goodyear-Konzerns, berücksichtigt nahezu alle zahlreichen und mitunter auch sehr unterschiedlichen internen und externen Bezugsgruppen. Er bildet nicht nur die komplette Wertschöpfungskette ab, sondern umfasst auch beispielsweise die kommunalen Verwaltungen, Anwohner und lokale Lieferanten. Bloße Akzeptanz bei seinen Stakeholdern ist für das Unternehmen nicht ausreichend. Es forciert belastbare Partnerschaften. Das Ziel ist, im Schulterschluss mit den Anspruchsgruppen Risiken zu vermeiden und Chancen zu schaffen – für alle Beteiligten. Erfahrungsgemäß überragt der gegenseitige Zugewinn den Individualnutzen um ein Vielfaches. Für die Implementierung dieser CR-Strategie hat der Konzern fünf zentrale Handlungsfelder definiert und mit entsprechenden Programmen und Maßnahmen hinterlegt. Diese Handlungsfelder sind:

1. Integrität und Compliance
2. Produktverantwortung
3. Mitarbeiter
4. Betrieblicher Umweltschutz
5. Gesellschaftliches Umfeld

Alle profitieren von mehr Sicherheit

Insbesondere Maßnahmen des Handlungsfeldes „Mitarbeiter" demonstrieren, wie Goodyear Dunlop auf partnerschaftliche Weise gleichermaßen Mehrwerte für diese zentrale Stakeholdergruppe, für seine Organisation und für die Gesellschaft schafft. Ein Schwerpunkt dieses Handlungsfeldes ist der Schutz der Gesundheit der Mitarbeiterinnen und Mitarbeiter, dem Goodyear Dunlop höchste Bedeutung beimisst. Die Arbeitssicherheit als Kernelement wird dabei von vier strategischen Säulen getragen:

1. Ergonomie: Gestaltung von Arbeitsplätzen nach ergonomischen Gesichtspunkten sowie regelmäßige Schulungen für Mitarbeiter in diesem Kontext
2. Führungsverhalten: Rundgänge der Bereichs-, Qualitäts- und Schichtleiter zur Überprüfung der Maschinen sowie Sensibilisierung der Mitarbeiter
3. Mitarbeiterverhalten: Einhaltung von Vorschriften – beispielsweise das Tragen von Schutzkleidung – und auch hier regelmäßige Schulungen
4. Maschinensicherheit: Einsatz modernster Sicherheitstechnik wie automatischer Laserscanner und Lichtschranken zur Absicherung

Ein konkretes Programm, das die weitere Verbesserung der Arbeitssicherheit im Fokus hat, ist die im Jahr 2003 ins Leben gerufene Initiative „Gesund nach Hause". Ihr Ziel: Jeder Mitarbeiter soll am Ende seines Arbeitstages wohlbehalten nach Hause gehen können. Die Initiative umfasst einzelne Projekte in den Bereichen Arbeitsschutz, Gesundheitsschutz und Unfallprävention. Die Belegschaft bringt sich dabei mit ihren Erfahrungen aus der Praxis aktiv mit ein, damit die Maßnahmen wirksam umgesetzt werden. Sogar die Familien der Betriebsangehörigen werden im Rahmen von Aktionen eingeladen, sich mit der Thematik zu befassen. Die Beschäftigung mit Sicherheitsfragen auch im privaten Bereich soll das Bewusstsein für die Bedeutung von sicherem Verhalten unter den Mitarbeitern weiter fördern. Diese sowie weitere Aktivitäten haben dazu beigetragen, dass der weltweite Goodyear-Konzern die Unfallrate von 2009 bis 2013 um rund 40 Prozent reduzieren konnte.

GOODYEAR DUNLOP
GERMANY

Goodyear Dunlop Tires Germany

Gründung:	1999
Branche:	Automobilzulieferer
Umsatz 2014:	18,1 Mrd. US-Dollar (weltweit)
Mitarbeiter:	7.400 in Deutschland, 67.000 weltweit

Angesichts des demographischen Wandels hin zu einer alternden Gesellschaft mit immer weniger Nachwuchskräften bringt die Erhaltung der Arbeitsfähigkeit der Beschäftigten auch Vorteile für die Gesundheits- und Sozialsysteme und damit für die gesamte Gesellschaft.

Die Initiative „Gesund nach Hause" zeigt Wirkung. Weltweit konnte der Goodyear-Konzern die Unfallrate in den vergangenen Jahren drastisch reduzieren.

Glaubwürdig Akzente setzen

Ein ganzheitlicher CR-Ansatz lebt davon, dass klare und vor allem glaubwürdige Akzente gesetzt werden. Dennoch gilt es auch hier, so viele Bezugsgruppen wie möglich zu berücksichtigen und einzubinden. Goodyear Dunlop konzentriert sich mit seinem gesellschaftlichen Engagement auf die Bereiche, die für die meisten seiner Stakeholder von größter Bedeutung sind und die gleichzeitig mit seinem unmittelbaren Wirkungsfeld und daher untrennbar mit seiner Fachexpertise in Verbindung stehen. Hierzu zählt der langjährige Einsatz des Unternehmens für die Erhöhung der Straßenverkehrssicherheit, die auf unterschiedlichste Weise verfolgt wird.

Einen Beitrag hierfür leistet Goodyear Dunlop mit seinen Produkten. Eine zentrale Herausforderung besteht darin, dass die Reifenentwicklung stets von Zielkonflikten begleitet wird. Von Pneus werden Leistungseigenschaften gefordert, deren Umsetzung gegensätzliche Techniken erfordert. Ein moderner Reifen muss beispielsweise zum einen für den Geradeauslauf sorgen, aber auch Kräfte in Längs- und Querrichtung übertragen, wie sie beim Bremsen, Beschleunigen sowie während der Kurvenfahrt auftreten. Goodyear Dunlop setzt auf ausgewogene Leistungseigenschaften und mindert dadurch das Spannungsfeld der unterschiedlichen Anforderungen. Der Fahrsicherheit wird jedoch stets – auch mit gezielten Innovationen – die größte Priorität eingeräumt.

So ermöglicht die von Goodyear entwickelte revolutionäre „RunOnFlat"-Technologie, mit einem Reifenschaden mit einer Geschwindigkeit von bis zu 80 Stundenkilometern noch bis zu 80 Kilometer weit zu fahren, so dass Autofahrer einen geeigneten und sicheren Ort für einen Wechsel erreichen können. Die Technologien „ActiveCornerGrip" und „ActiveBraking" sorgen für ein besseres Handling bei starkem Bremsen und bei Kurvenfahrten und erhöhen auf diese Weise die Sicherheit auf der Straße.

Neben Produktinnovationen setzt sich Goodyear auch mit Studien für die Verbesserung der Straßenverkehrssicherheit ein. Untersuchungen über die Sicherheit von Fahranfängern haben in den vergangenen Jahren das Wissen über Ursachen, Wirkungen und Lösungsansätze signifikant erhöht. Mit aufmerksamkeitsstarken Kampagnen wie dem „Held der Straße", bei dem Menschen ausgezeichnet werden, die bei Unfallsituationen vorbildlich gehandelt haben, trägt das Unternehmen dazu bei, das Thema Verkehrssicherheit einem breiten Publikum anschaulich zu vermitteln.

Plattformen für offenen Dialog schaffen

Um gesellschaftliche CR-Themen erfolgreich in die Öffentlichkeit zu tragen, müssen sich Unternehmen zunehmend für den Dialog mit den Stakeholdern öffnen. Partnerschaften mit NGOs und externen Experten sowie das Offerieren von Kommunikationsplattformen für einen öffentlichen Diskurs zählen zu immer wichtigeren Werkzeugen. Die neue Verkehrssicherheitskampagne „Vorfahrt für Vorbilder" von Goodyear, die sich insbesondere an Eltern und Fahranfänger richtet, sieht aus diesem Grund einen deutlich verstärkten Dialog aller Beteiligten vor. Mehrere Experten mit teilweise deutlich unterschiedlichen Sichtweisen auf das Thema werden von Goodyear zu einem offenen Meinungsaustausch eingeladen, und über die Einbindung sozialer Medien kann sich jedermann aktiv an Diskussionen beteiligen.

Stillstand ist Rückschritt

Die Anforderungen von Seiten der Stakeholder an die Wirtschaft in Sachen CR und damit an verantwortungsvolle Unternehmensführung sowie gesellschaftliches und soziales Engagement wachsen zusehends. Sobald sich Normen herauskristallisieren, wird bereits erwartet, dass diese neu definiert werden. Stillstand bedeutet somit Rückschritt. Aus diesem Grund verstärkt Goodyear Dunlop seine Aktivitäten kontinuierlich und entwickelt die Implementierung und die Strategie fortwährend weiter. ■

AUF EINEN BLICK

Goodyear Dunlop Tires Germany wurde als „Top Arbeitgeber Automotive 2014" ausgezeichnet.

Zertifizierungen

An den Standorten Fulda, Fürstenwalde, Hanau, Philippsburg, Riesa und Wittlich wird ein kombiniertes Managementsystem angewandt, das den unten genannten internationalen Standards entspricht:

- Qualitätsmanagement nach ISO/TS 16949
- Umweltmanagement nach DIN EN ISO 14001 und EMAS
- Managementsystem zum Arbeits- und Gesundheitsschutz nach OHSAS 18001

Laufende CR-Kampagnen

- „Held der Straße"
- „Vorfahrt für Vorbilder"

Mitgliedschaften

- aktive Mitgliedschaft in der European Road Safety Charter

Kontakt

Goodyear Dunlop Tires Germany GmbH
Gabriele Velte
Leiterin Unternehmenskommunikation
Dunlopstraße 2
63450 Hanau
T +49 (0) 61 81 / 68 - 19 11
F +49 (0) 61 81 / 68 - 22 64
E gabriele.velte@goodyear-dunlop.com
W www.goodyear-dunlop.com

Gemeinsam mit Partnern können wir eine größtmögliche Wirkung erzielen

Die zunehmende Geschäftsrelevanz von Nachhaltigkeit stellt Unternehmen und ihre Partner vor enorme Herausforderungen. Damit Unternehmen in der Zukunft erfolgreich sein können, brauchen wir gemeinsame Visionen, die alle Partner entlang der verschiedenen Wertschöpfungsketten zusammen verfolgen können.

Zunehmende Geschäftsrelevanz von Nachhaltigkeit

In den vergangenen zehn Jahren ist Nachhaltigkeit zunehmend geschäftsrelevanter geworden. Vier globale Trends illustrieren diese Entwicklung.

Die Auswirkungen des sich weiter verschärfenden Drucks auf die verfügbaren Ressourcen werden weltweit zunehmend greifbar. Die globalen CO_2-Emissionen sind gestiegen, und die Wasserressourcen sind in einigen Teilen der Welt knapper geworden. Die Notwendigkeit, das Wachstum vom Ressourcenverbrauch zu entkoppeln, ist heute so klar wie nie zuvor.

In der gleichen Zeit nahmen der Informationsfluss und die Transparenz drastisch zu: 2005 wurde YouTube gegründet, Facebook feierte seinen ersten Geburtstag, und Twitter existierte noch gar nicht. Heute zählen diese Plattformen nach eigenen Angaben gemeinsam 2,5 Milliarden Monthly Active User. Darüber hinaus gab es im Jahr 2014 erstmals mehr als zwei Milliarden aktive mobile Breitbandanschlüsse. Zum ersten Mal erleben wir jetzt Transparenz in „Echtzeit".

Auch die Anforderungen an Unternehmen, im Rahmen ihrer Geschäftstätigkeit ökologische und soziale Herausforderungen zu adressieren, sind gestiegen. Regierungen, NGOs und auch Unternehmen selbst haben neue Standards, Prozesse und Berichtspflichten definiert und fordern deren Einhaltung ein.

Bei den Verbrauchern ist das Bewusstsein für soziale und ökologische Themen und die Notwendigkeit eines nachhaltigen Konsums gestiegen. Gleichzeitig ist die Mehrheit nicht bereit, in ihrem Konsum Kompromisse hinsichtlich Preis, Qualität und Convenience einzugehen. Laut der internationalen Studie „Greendex" von GlobeScan und National Geographic zur Verbraucherforschung in 18 Ländern hat nachhaltiges Verbraucherverhalten seit dem Jahr 2008 nur leicht zugenommen.

Das ist das Umfeld, mit dem Unternehmen heute konfrontiert werden.

Was bedeutet das für Unternehmen?

In einer Umfrage des UN Global Compact unter Unternehmensführern aus mehr als 100 Ländern stimm-

Henkel Excellence is our Passion

Henkel

Gründung:	1876
Branche:	Chemie
Umsatz 2014:	16,428 Mrd. Euro
Mitarbeiter:	8.200 in Deutschland, 49.750 weltweit

ten nur 32 Prozent der Aussage zu, dass sich die globale Wirtschaft auf dem richtigen Weg befindet, den Anforderungen einer wachsenden Weltbevölkerung gerecht zu werden.

Als Unternehmen sollten wir nicht darauf warten, dass andere die notwendigen Veränderungen treiben, sondern Fortschritt und Lösungen aktiv gestalten. Dies bedeutet, dass Unternehmen Nachhaltigkeitsthemen nicht nur in ihr Risiko- und Reputationsmanagement, sondern in alle relevanten Geschäftsprozesse und Entscheidungen einbeziehen müssen.

Bei Henkel ist Nachhaltigkeit ein zunehmend integraler Bestandteil des Geschäfts und eine Chance, die eigene Wettbewerbsfähigkeit zu stärken. Die Grundlage bildet die im Jahr 2010 überarbeitete Nachhaltigkeitsstrategie. Ein zentraler Startpunkt dafür war die „Vision 2050" des World Business Council for Sustainable Development: „Im Jahr 2050 leben 9 Milliarden Menschen gut und im Einklang mit den begrenzten Ressourcen der Erde."

Dazu beizutragen heißt für unser Unternehmen, dass wir mehr Wert schaffen wollen: für unsere Kunden und Verbraucher, unser gesellschaftliches Umfeld sowie für unser Unternehmen – bei einem gleichzeitig verkleinerten ökologischen Fußabdruck. Bis 2030 wollen wir den Wert, den wir mit unserer Geschäfts-

Auf einer Veranstaltung der Initiative „Together for Sustainability" 2014 in Schanghai diskutiert Joanna Corry von Henkel gemeinsame Herausforderungen mit Lieferanten.

Kathrin Menges, Personalvorstand bei Henkel, gibt Grundschülern in Düsseldorf Tipps für nachhaltiges Verhalten.

tätigkeit schaffen, im Verhältnis zum ökologischen Fußabdruck unserer Produkte und unserer Dienstleistungen verdreifachen. Henkel hat sich außerdem konkrete Zwischenziele bis zum Jahr 2015 gesetzt (Basisjahr: 2010). Neue Fünfjahresziele werden für den Zeitraum 2016 bis 2020 festgelegt.

Unsere Aktivitäten im Bereich Nachhaltigkeit haben wir in sechs Fokusfelder gegliedert, die wir seit 2008 systematisch in unserem Innovationsprozess verankert haben. Unser Ziel ist, Produkte zu entwickeln, die mehr Wert bieten – bei einem geringeren ökologischen Fußabdruck. Dabei geht es uns nicht um die Entwicklung einzelner „grüner" Produkte. Vielmehr wollen wir alle Produkte unseres Portfolios ganzheitlich und kontinuierlich verbessern.

Zudem nutzen wir Tools wie den „Henkel-Sustainability#Master", um Hotspots zu identifizieren, Fortschritt zu messen und konkrete Produktvorteile nach innen und außen zu kommunizieren.

Um Standards einzuhalten und Innovationen voranzutreiben, müssen wir eng mit unseren Partnern entlang der gesamten Wertschöpfungskette zusammenarbeiten. Zum ersten Punkt hat Henkel 2011 zusammen mit fünf weiteren Unternehmen der chemischen Industrie die Initiative „Together for Sustainability" (TfS) ins Leben gerufen. Kern der Initiative ist der Gedanke „Ein Audit für einen ist ein Audit für alle". Lieferanten müssen nur ein Assessment bzw. ein Audit durchführen, dessen Ergebnisse anschließend über eine Internetplattform mit allen Mitgliedern geteilt werden. Dies ermöglicht eine Standardisierung von Bewertungen, die die Kosten sowohl für Mitglieder als auch für Lieferanten verringert.

Unsere ambitionierten Ziele können wir jedoch nur erreichen, wenn sich jeder einzelne Mitarbeiter engagiert. Eine wichtige Nachhaltigkeitsinitiative ist daher unser Botschafter-Programm, mit dem wir das Bewusstsein unserer Mitarbeiter für Nachhaltigkeit fördern. Wir schulen unsere Mitarbeiter so, dass sie das Thema Nachhaltigkeit Kollegen, Lieferanten, Kunden oder Verbrauchern, aber auch Schülern kompetent vermitteln können. Bis heute haben mehr als 3.800 Botschafter ein Training absolviert. Die Botschafter besuchen unter anderem Grundschulen, um das Konzept Nachhaltigkeit an einfachen, alltäglichen Beispielen zu veranschaulichen. Auf diese Weise haben die Botschafter rund 36.000 Schüler in 37 Ländern geschult.

Eine gemeinsame Vision verfolgen

Derzeit lebt und wirtschaftet die Weltbevölkerung noch nicht im Einklang mit den begrenzten Ressourcen der Erde. Dies zu erreichen und gleichzeitig die Lebensqualität zu verbessern erfordert von Politik und Unternehmen große Anstrengungen.

Es stellt sich also die Frage: Wie geht es weiter?

Damit Unternehmen in der Zukunft erfolgreich sein können, brauchen wir gemeinsame Visionen, die alle Partner entlang der verschiedenen Wertschöpfungsketten zusammen verfolgen können. Dazu gehören auch klarere Handlungsfelder, in denen wir Fortschritte vorantreiben und messen können. So können Unternehmen und Politik verlässliche, richtungssichere Ziele definieren und gemeinsam die zentralen Herausforderungen adressieren.

Wir können den Fortschritt beschleunigen, wenn wir strategische Partnerschaften bilden, gemeinsam Produkte entwickeln, die mehr Wert schaffen und gleichzeitig einen kleineren ökologischen Fußabdruck haben. Dafür müssen wir unsere Mitarbeiter ermutigen, ihren Beitrag zu einer nachhaltigen Entwicklung zu leisten.

Nur gemeinsam können wir eine größtmögliche Wirkung erzielen. Wir freuen uns auf die zukünftige Zusammenarbeit. ■

AUF EINEN BLICK

- Orientierung an der „Vision 2050" des WBCSD
- mit weniger mehr erreichen
- Henkel-Sustainability#Master
- Unternehmensinitiative „Together for Sustainability"
- Nachhaltigkeitsbotschafter-Programm

Kontakt

Henkel AG & Co. KGaA
Uwe Bergmann
Head of Sustainability Management
Henkelstraße 67
40191 Düsseldorf
T +49 (0) 2 11 / 7 97 - 36 80
F +49 (0) 2 11 / 7 98 - 93 93
E uwe.bergmann@henkel.com
W www.henkel.de

Echte Antworten und ausgezeichnete Leistung

Nachhaltiges Handeln ist der wichtigste Baustein für eine langfristige Stabilität – sie sichert unsere Leistungskraft und stärkt unsere Wettbewerbsfähigkeit. Auf diesem Credo fußt das Nachhaltigkeitsmanagement der HypoVereinsbank. Seit mehr als 20 Jahren managen wir konsequent ökologische und soziale Themen – und gelten seit zwölf Jahren als nachhaltigste Großbank Deutschlands[1].

Langfristig Wert schaffen – das bedeutet Nachhaltigkeit für die HypoVereinsbank. Wir möchten wachsen – aber nicht um jeden Preis, sondern gemeinsam mit unseren Kunden. Denn wir sind überzeugt, dass eine nachhaltige Ausrichtung unseres Geschäfts unseren dauerhaften wirtschaftlichen Erfolg fördert und eine optimale Begleitung unserer Kunden mit zukunftsorientierten Produkten und Services ermöglicht. Wir streben glaubwürdige Lösungen für eine faire und zukunftsorientierte Wirtschaft an. Die Grundvoraussetzungen einer verantwortlichen Unternehmensführung sind dabei neben unternehmerischer Leistung, ökologischer und sozialer Verantwortung auch gesetzlich und ethisch korrektes Verhalten.

Risiken im Blick

Das Management der mit Finanzgeschäften verbundenen Risiken gehört zu den Kernaufgaben einer Bank. Wir gehen mit Risiken sorgfältig und restriktiv um, in dem Wissen, dass eine falsche Entscheidung viele erfolgreiche Transaktionen konterkarieren kann. Gewinnorientierung und Risikobewusstsein sehen wir nicht als Gegensatz. Die systematische Integration von ökologischen und sozialen Risiken in die Risikobetrachtung geschieht bei der HypoVereinsbank unter anderem im Rahmen unseres Reputationsrisikomanagement-Prozesses, der in der Finanzbranche aktuell als Best Practice gilt. Potentiell reputationsschädigende Geschäfte vermeiden wir, indem wir sie über strikte Prozesse und Kriterien identifizieren, mit Auflagen belegen und im Zweifelsfall ganz auf das Geschäft verzichten. Eigene branchenspezifische Richtlinien ermöglichen es uns darüber hinaus, in sensiblen Industriezweigen verantwortungsbewusst zu agieren. Großprojekte wie Kraftwerke oder Staudämme können negative ökologische und soziale Folgen haben – vor allem in Schwellen- und Entwicklungsländern. Als einer der weltweit großen Projektfinanziers hat die HypoVereinsbank bereits 2003 gemeinsam mit zehn weiteren Banken einen globalen Industriestandard entwickelt: die „Equator Principles". Mittlerweile bekennen sich weltweit 80 Finanzinstitute aus 34 Ländern zu den Prinzipien, die auf den Umweltstandards der Weltbank und den Sozialstandards der International Finance Corporation basieren und maßgeblich zu mehr Nachhaltigkeit in der Projektfinanzierung beitragen.

Die Lösungen der Zukunft finanzieren

Unser Anspruch ist es, wirtschaftlichen Erfolg mit ökologischen und sozialen Anforderungen in Einklang zu bringen und unsere Gewinne integer zu erwirtschaften. Den langfristigen Interessen unserer Stakeholder geben wir den Vorrang vor kurzfristigem Gewinn. Als finanzieller Mittler im Wirtschaftssystem haben wir großen Einfluss darauf, welche Projekte und Technologien finanziert und vorangetrieben werden. Mit der direkten Finanzierung von neuen Kraftwerksbauvorhaben unserer Kunden unterstützen wir seit Jahren aktiv die Energiewende. Mit einem Portfolio von über 4 Milliarden Euro gehört die HypoVer-

HypoVereinsbank
Member of UniCredit

HypoVereinsbank – Member of UniCredit

Gründung:	1998
Branche:	Finanzdienstleistungen
Ergebnis vor Steuern (HVB Group 2014):	1,083 Mrd. Euro
Mitarbeiter (HVB Group 2014):	17.980 weltweit

Die HVB gilt laut einem Ranking von oekom research als nachhaltigste Großbank Deutschlands.

einsbank europaweit zu den bedeutendsten Finanziers klimafreundlicher Energien. Durch unsere jahrzehntelange konsequente Unterstützung vor allem im Bereich Windkraft in Deutschland haben wir somit auch substantiell zum Aufbau von Praxiswissen im Umgang mit Windenergie beigetragen.

Gezielt finanziert die HypoVereinsbank Unternehmen, die mit innovativen Geschäftsmodellen Lösungen für drängende soziale oder ökologische Fragen suchen. So unterstützen wir den „Social Venture Fund", den ersten Fonds, der europaweit Sozialunternehmen Wachstumskapital zur Verfügung stellt.

Umweltschutz aus Tradition

Umweltschutz beginnt bei uns im eigenen Haus. Bereits seit 2006 steuern und verbessern wir unsere betriebliche Umweltleistung systematisch über ein Umweltmanagementsystem, das nach der internationalen Norm ISO 14001 zertifiziert ist. 2013 konnten wir mit dem Erreichen des 100 Prozent CO_2-neutralen Bankbetriebs einen schönen Etappensieg feiern. Bis 2020 möchten wir den Anteil kompensierter CO_2-Emissionen sukzessive senken und eine Nettoreduktion von 30 Prozent gegenüber dem Basisjahr 2008 erreichen – durch eine weitere Vermeidung und Reduktion von Emissionen. Unser aktuelles Leuchtturmprojekt ist der denkmalgeschützte HVB Tower, den wir bis Ende 2015 zu einem Green Building nach dem international anerkannten LEED-Standard umbauen. Der Tower ist nicht nur ein Wahrzeichen Münchens, sondern auch das größte Gebäude der HypoVereinsbank in Deutschland. Er weist den höchsten Ressourcenverbrauch auf und damit auch das größte Potential, diesen zu reduzieren. Das anspruchsvolle Architekturkonzept vereint Energieeffizienz und zukunftsorientierte Gestaltung, moderne Arbeitswelten und nachhaltiges Denken.

Engagement als Teil unserer Verantwortung

Mit unserem gesellschaftlichen Engagement wollen wir Engagement fördern und Wege ebnen, sich aktiv in die Gesellschaft einzubringen. Auf dieses Ziel hin haben wir unsere gesellschaftlichen Aktivitäten ausgerichtet. Die Förderung der finanziellen Allgemein-

Mit dem Portal www.euro.de fördert die HypoVereinsbank das individuelle Finanzwissen.

bildung, die Linderung sozialer Not sowie unser Engagement im Bereich Kultur sind die Eckpfeiler unserer Corporate-Citizenship-Strategie. Wir pflegen langfristige Partnerschaften, initiieren Leuchtturmprojekte und unterstützen gemeinnützige Organisationen durch Spenden und Sponsoring. Dabei geht unser Engagement weit über finanzielle Zuwendungen hinaus: Wir binden unsere Mitarbeiter aktiv in Initiativen ein und investieren somit auch Zeit und persönlichen Einsatz für die Menschen um uns herum. Über 70.000 ehrenamtliche Stunden leisten unsere Mitarbeiter jährlich, was wir durch entsprechende Programme, Sonderurlaub und Spenden fördern. In Zahlen ausgedrückt, beläuft sich unser gesellschaftliches Engagement auf jährlich rund 8 Millionen Euro, hinzu kommt der beachtliche Geldwert von rund 5 Millionen Euro des ehrenamtlichen Mitarbeiterengagements[2].

Souverän in der Welt der Finanzen

Wer selbstbestimmt lebt, sollte die Folgen persönlicher Finanzentscheidungen abschätzen und mögliche Risiken erkennen können. Mit unserer Finanzwissensinitiative nutzen wir unsere Kernkompetenz, um das Wissen in der Öffentlichkeit über Finanzthemen zu verbessern. Auf www.euro.de, unserem wertungsfreien und produktneutralen Finanzwissensportal im Internet, liefern wir Antworten auf Finanzfragen zu den wichtigsten Themen wie Bezahlen, Anlegen, Vorsorgen, Kredite und Immobilienfinanzierung. Das Angebot wird ergänzt durch regionale Workshops und Webinare, durch die wir bislang über 2.500 Menschen erreicht haben. ■

1 Rating der Nachhaltigkeitsratingagentur oekom research AG, Frühjahr 2014. Weltweit rangieren wir unter den besten zehn von insgesamt knapp 300 analysierten Banken.

2 gerundete Daten, basierend auf London-Benchmarking-Group-Methode.

AUF EINEN BLICK

Gesellschaft

- Rund 5 Millionen Euro beträgt der Geldwert des ehrenamtlichen Engagements der HVB-Mitarbeiter.
- Über 100 Finanzworkshops zur Verbesserung der finanziellen Allgemeinbildung haben wir ausgerichtet.
- An mehr als 140 Standorten kooperiert die HVB mit sozialen Organisationen.

Mitarbeiter

- Zum 4. Mal in Folge wurde die HVB 2014 als „Top Arbeitgeber" ausgezeichnet.
- 24,9 Prozent beträgt der Anteil an Frauen in Führungspositionen.
- Der „Corporate Health Award" bescheinigt der HVB seit Jahren ein „herausragendes" Gesundheitsmanagement.

Umwelt

- 100 Prozent CO_2-neutral ist der Bankbetrieb der HVB seit 2013.
- Nur 129 Gramm pro Kilometer beträgt der Verbrauch der HVB-Firmenflotte (Durchschnitt Deutschland 2013: 142 Gramm pro Kilometer).
- 4.000 Megawattstunden sparen wir jährlich durch IT-Energieeffizienzmaßnahmen. Das entspricht dem durchschnittlichen Jahresausstoß von rund 1.000 Mittelklassewagen.

Geschäft

- Mit ihrem Kreditportfolio für erneuerbare Energien in Höhe von 4,3 Milliarden Euro gehört die HVB zu den größten Finanziers der Energiewende.
- Die HVB ist laut Nachhaltigkeitsrating von oekom research seit zwölf Jahren die nachhaltigste Großbank Deutschlands.

Kontakt

HypoVereinsbank – Member of UniCredit
UniCredit Bank AG
Stefan Löbbert
Leiter Corporate Sustainability
Kardinal-Faulhaber-Straße 1
80333 München
T +49 (0) 89 / 3 78 - 0
E nachhaltigkeit@unicredit.de
W www.hvb.de/nachhaltigkeit

Die ING-DiBa nennt es FAIRantwortung

Der Anspruch der ING-DiBa ist es, mit Kunden, Mitarbeitern und ganz allgemein der Gesellschaft stets einen fairen und verantwortungsvollen Umgang zu pflegen. Deshalb nennt die Bank das, was andernorts als Corporate Responsibility bekannt ist, FAIRantwortung. Das Besondere daran: Dort wo es möglich ist, werden die eigenen Mitarbeiter mit einbezogen.

„Wenn ich mir heute unseren sanierten Außenbereich ansehe, bin ich total begeistert, wie viel die ehrenamtlichen Helfer geleistet haben", sagt Petra Gessler, Leiterin der Johanniter-Kita Drachenburg. Mit vereinten Kräften hatten acht Mitarbeiter der ING-DiBa aus Frankfurt am Main eine alte Gartenhütte abgerissen, meterlange morsche Äste abgesägt und tiefverwurzelte Heckenpflanzen ausgegraben. Dank dieser Aktion konnten eine neue Gartenhütte für die Krippenwagen und das neue Sandspielhäuschen für die Kleinen aufgebaut werden. Der Einsatz der Banker fand bei einem sogenannten Social Day im Rahmen der Aktion „Give five!" statt. Bei der ING-DiBa steht das seit 2010 für konkretes Anpacken bei ehrenamtlichen Projekten vor Ort. Das können Renovierungsarbeiten sein oder ein Ausflug mit behinderten Menschen – je nachdem, welche Unterstützung benötigt wird. Die Mitarbeiter der drittgrößten deutschen Privatbank finden das gut. So konnte 2013 die Teilnehmerzahl im Vergleich zum Vorjahr fast verdoppelt werden. Und 2014

ING-DiBa-Mitarbeiter beim Social Day im Rahmen der Aktion „Give five!"

leisteten 600 Mitarbeiter im Rahmen des Corporate-Volunteering-Programms schon 3.000 Stunden ehrenamtlichen Einsatz. Claudia Eller, die bei der Direktbank in der Unternehmenskommunikation für Corporate Responsibility (CR) zuständig ist, freut sich, dass bei Einsätzen, wie mit dem Kooperationspartner Malteser Hilfsdienst, auch der Spaß nicht zu kurz kommt. Wichtig sei aber auch das Thema „Nähe" – nicht nur räumlich, auch emotional. Denn beim Social Day begegnen sich auf eine intensive Weise ganz unterschiedliche Arbeits- und Lebenswelten, die normalerweise nicht viel miteinander zu tun haben.

ING DiBa
50 Jahre Die Bank und Du

ING-DiBa

Gründung:	1965
Branche:	Finanzdienstleistungen
Bilanzsumme (2013):	127,338 Mrd. Euro
Mitarbeiter:	3.526 in Deutschland

Gesellschaft, Kunden, Mitarbeiter

Grundsätzlich glaubt Eller, dass in Unternehmen heute nicht mehr über die Notwendigkeit diskutiert werden müsse, gesellschaftliche Verantwortung zu übernehmen. „Inzwischen geht es vielmehr darum, eine passende CR-Strategie für das eigene Unternehmen zu entwickeln, sie mit nachhaltigen Maßnahmen umzusetzen und bestmöglich zu kommunizieren." Von kurzfristigen medienwirksamen Aktionen hält sie genau so wenig wie von sogenanntem Greenwashing. Entscheidend sei, dass die CR auf den Unternehmenswerten basiert und die Unternehmenskultur bzw. die authentische Haltung des Unternehmens widerspiegelt. „Und die Organisationen, die wir unterstützen, sollen auch morgen noch in der Lage sein, den Menschen zu helfen." Gerade die Finanzwirtschaft habe in den vergangenen Jahren enorm an Vertrauen eingebüßt. Dieses Vertrauen lasse sich nicht mit vordergründigen Marketingmaßnahmen zurückgewinnen, wenn sich beispielsweise am Risikomanagement und Produktangebot nichts ändere.

Der ING-DiBa geht es um Fairness. Und diese Grundhaltung wird auch bei der täglichen Arbeit gelebt, etwa Kunden gegenüber mit einer offenen Kommunikation auf Augenhöhe und einfachen, leicht verständlichen Produkten. So gab es bei dem Tochterunternehmen der niederländischen ING Group schon einen sogenannten Beipackzettel, noch bevor das Verbraucherschutzministerium ein Produktinformationsblatt zur Verbesserung der Transparenz bei Finanzprodukten ausgearbeitet hat. Und mit dem werbefreien Finanzportal „Finanzversteher" soll der mündige Verbraucher entscheidungsfähiger gemacht werden.

Der faire Umgang mit den Mitarbeitern zeigt sich daran, dass die Bank ihre Mitarbeiter mit vielen Angeboten für ein angenehmes Arbeitsumfeld und die Vereinbarkeit von Berufs- und Privatleben unterstützt. Außerdem sind Diversity und Inklusion wichtige Themen. Die Leistungen für die Mitarbeiter wurden 2013 in einem unbefristeten Zukunftstarifvertrag festgeschrieben, der nach Einschätzung der Dienstleistungsgewerkschaft ver.di Maßstäbe für die ganze Finanzbranche setzt. Denn damit sind die Arbeitnehmer bei Themen wie Altersteilzeit, Gesundheitsförderung und Kinderbetreuung nicht mehr nur auf den guten Willen des Arbeitgebers angewiesen.

Nähe zu den Hilfsprojekten

Neben „Give five!" gibt es aber auch noch eine Vielzahl anderer Bausteine von FAIRantwortung, dem

Inzwischen beteiligt sich fast ein Drittel der Mitarbeiter jährlich am Programm FAIRantwortung.

gesellschaftlichen Engagement der ING-DiBa, das vor zehn Jahren im Wesentlichen aus einer Mitarbeiterinitiative hervorgegangen ist. Beispielsweise unterstützt die Bank mit dem Programm „We care“ seit 2010 alle gemeinnützigen Vereine, in denen ihre Mitarbeiter ehrenamtlich tätig sind. Inzwischen beläuft sich die Spendensumme auf 3,5 Millionen Euro. Und mit der Aktion „DiBaDu und Dein Verein“, bei der sich gemeinnützige Organisationen – von der Jugendarbeit über den Tierschutz bis hin zu Integration und Sport – um eine finanzielle Unterstützung bewerben können und einmal im Jahr 1.000 Vereine mit einer Spende in Höhe von 1.000 Euro bedacht werden, wird regelmäßig sehr großes Interesse und Nachfrage generiert.

Neben dem „Helmut Schmidt Journalistenpreis“, mit dem seit 1996 jedes Jahr besondere Leistungen auf dem Gebiet der verbraucherfreundlichen Berichterstattung über Wirtschafts- und Finanzthemen gefördert werden, und dem Engagement für den Basketball- und Rollstuhlsport hat auch die Unterstützung von UNICEF Tradition: Seit 2005 haben die Bank, ihre Mitarbeiter und ihre Kunden mit vielen unterschiedlichen Aktionen inzwischen weit über 1,3 Millionen Euro für den Aufbau von Schulen in Afrika gespendet. Dabei werden alle Mitarbeiterspenden durch die Bank verdoppelt. Und auch hierbei wird versucht, so viel Nähe wie möglich zwischen den Mitarbeitern und dem Hilfsprojekt herzustellen. So reiste 2012 stellvertretend für ihre Kollegen die 28-jährige Siham Ajaghfouf zu verschiedenen UNICEF-Einrichtungen nach Madagaskar, die von der ING-DiBa unterstützt werden. In einem Reisetagebuch hielt sie ihre Eindrücke fest und brachte der Belegschaft die Umstände näher: An was es alles fehlt, und wie man schon mit wenigen Spendengeldern viel bewegen kann.

Positiver Imagetransfer

Dass letztendlich nicht nur die Gesellschaft von dem CR-Engagement profitieren soll, sondern auch die Bank in Form eines positiven Imagetransfers und damit einer gestärkten Wettbewerbsfähigkeit, liegt auf der Hand. Umso erfreulicher ist es, dass die mit dem Internationalen Deutschen PR-Preis ausgezeichnete Kampagne „DiBaDu und Dein Verein" der Bank einen deutlich messbaren Mehrwert gebracht hat – vor allem auch aufgrund der erfolgreichen Social-Media-Arbeit: 2014 mobilisierten mehr als 14.000 Vereine ihre Unterstützer, die insgesamt drei Millionen Stimmen für die teilnehmenden Vereine abgaben. Für die Bank sind das drei Millionen positiv aufgeladene Kontakte mit entsprechenden Multiplikationseffekten. Doch für das Jubiläumsjahr – 2015 feiert die ING-DiBa ihr 50-jähriges Bestehen – hat sich die CR-Verantwortliche Claudia Eller noch einiges vorgenommen: „Insgesamt beteiligt sich inzwischen zwar fast ein Drittel unserer Mitarbeiter an unseren Aktivitäten, in Zukunft wollen wir aber noch mehr Begeisterung für das Programm FAIRantwortung schaffen", sagt sie. „Und auch bei der strategischen Bündelung können wir sicherlich noch etwas verbessern." ■

AUF EINEN BLICK

Die ING-DiBa ist mit mehr als acht Millionen Kunden die drittgrößte Privatkundenbank in Deutschland. Die Kerngeschäftsfelder im Privatkundengeschäft sind Spargelder, Wertpapiergeschäft, Baufinanzierungen, Verbraucherkredite und Girokonten. Das Institut ist jeden Tag 24 Stunden für seine Kunden erreichbar. Im Segment Commercial Banking ist das Firmenkundengeschäft der Bank zusammengefasst. Zu den Kunden gehören große, international operierende Unternehmen. Für die ING-DiBa arbeiten an den Standorten Frankfurt am Main (Hauptstandort), Hannover, Nürnberg und Wien mehr als 3.500 Mitarbeiter.

Kontakt

ING-DiBa AG
Claudia Eller
Interne Kommunikation &
Gesellschaftliche Verantwortung
Theodor-Heuss-Allee 2
60486 Frankfurt am Main
T +49 (0) 69 / 2 72 22 - 6 69 69
F +49 (0) 69 / 2 72 22 - 6 61 16
E c.eller@ing-diba.de
W www.ing-diba.de

Corporate Responsibility strategisch umsetzen

Corporate Responsibility heißt vor allem eins: Verantwortung übernehmen. Aber sie bedeutet auch, Beziehungen abseits der üblichen Geschäftskontakte aufzubauen, etwas zu bewegen, ökonomisch, ökologisch und sozial. Sicherheit, Umweltschutz, soziale Verantwortung, Qualität und Wirtschaftlichkeit stellen für das Unternehmen keine sich gegenseitig ausschließenden Faktoren dar.

Junge Forscherinnen experimentieren in einem LANXESS-Labor.

Corporate Responsibility bzw. verantwortliches unternehmerisches Handeln ist nicht einfach nur eine Notwendigkeit für einen Konzern. Es eröffnet sich dadurch die Möglichkeit, ökologische, wirtschaftliche und soziale Aspekte zu verbinden und zu stärken. Für den Spezialchemiekonzern LANXESS stellt CR eben das dar: solides Wirtschaften im Einklang mit ökologischem und sozialem Handeln. Neben internen Verbindungen von Themen ist externer Austausch nach dem Leitsatz „Gut für das Geschäft, gut für die Gemeinschaft" wichtig für LANXESS. Das Ziel ist es, beiden Parteien – dem Unternehmen und der Gesellschaft – einen Gewinn durch Zusammenarbeit zu ermöglichen. Die Unternehmensphilosophie folgt der Überzeugung, dass die Produkte und die Kompetenz von LANXESS wichtige Beiträge in Bezug auf Nachhaltigkeit und Lebensqualität liefern können. Dabei liegt der Fokus darauf, dass die CR-Aktivitäten im Einklang mit dem Kerngeschäft des Unternehmens liegen. Nur so kann CR für beide Seiten effektiv sein, für die Gesellschaft und das Unternehmen.

Die Frage besteht für ein Unternehmen darin: Was kann man der Gesellschaft geben, und was möchte man zurückerhalten? Für LANXESS als Spezialchemiekonzern lautet die Antwort auf die erste Frage: naturwissenschaftliche Kenntnisse bei Kindern und Jugendlichen erweitern. Das Ziel der CR von LANXESS ist vor allem Nachhaltigkeit durch Bildung. Deswegen unterstützt LANXESS gezielt Schulen und Universitäten in Deutschland und der Welt, um naturwissenschaftliches Wissen und Verständnis zu fördern. Bildung sieht das Unternehmen als wichtigsten Eckpfeiler an, da sie ökonomische, ökologische und soziale Nachhaltigkeit gemeinsam vorantreibt durch die Unterstützung von Kindern, Jugendlichen und jungen Erwachsenen. Bildung ist ebenso der Schlüssel für eine gesellschaftliche Entwicklung wie für den nachhaltigen Erfolg eines Unternehmens. Sie gibt Menschen Perspektiven und ist für Unternehmen die notwendige Basis für erfolgreiches Wirtschaften.

LANXESS

Gründung:	1. Juli 2004
Branche:	Chemie
Umsatz 2014:	8 Mrd. Euro
Mitarbeiter:	7.747 in Deutschland, rund 16.600 weltweit

Chemie vermitteln

Seit 2008 besteht die konzerneigene Bildungsinitiative, die es sich zur Aufgabe gemacht hat, Jugendlichen und Kindern die Naturwissenschaften näherzubringen. Was anfangs mit der finanziellen Unterstützung von gymnasialen Sekundarstufen begann, ist heute eine breites Spektrum an Bildungshilfen für Grundschulen, Gymnasien und Kindertagesstätten. Neben dem Hauptmotiv, Kindern naturwissenschaftliche Fächer und Technik näherzubringen, ist die Initiative auch ein Bekenntnis zum Chemiestandort Deutschland und im Besonderen zu Nordrhein Westfalen. LANXESS möchte damit ebenfalls das breite berufliche Spektrum und die damit verbundenen Möglichkeiten in einem Spezialchemiekonzern aufzeigen.

Seit dem Start des Bildungsinitiative vor sieben Jahren hat der LANXESS-Konzern weltweit etwa 200 Projekte gestartet, die über 100.000 Kinder, Jugendliche und junge Erwachsene erreicht haben, mehr als die Hälfte davon in Deutschland. Dazu gehören themenspezifische Projektwochen, Laborarbeitstage, Sach- und Geldspenden sowie eigens konzipierte

Schüler der 3. und 4. Klasse arbeiten mit dem LANXESS-Experimentierkoffer.

Unterrichtsmaterialien für Grundschüler und Stipendien für Studierende aus naturwissenschaftlichen Fächern. Sechs Millionen Euro hat der Konzern dafür investiert, allein vier davon in Deutschland.

2011 wurde die LANXESS-Bildungsinitiative mit dem Preis des bundesweiten „365 Orte im Land der Ideen"-Wettbewerbs ausgezeichnet. Dieser prämierte zwischen 2006 und 2012 jedes Jahr Projekte, die einen nachhaltigen Beitrag zur Zukunftsfähigkeit Deutschlands leisten. Zwei Beispiele sollen im Folgenden darstellen, wie LANXESS seine CR-Aktivitäten gestaltet.

Chemie kennenlernen

Das erste Beispiel der Bildungsinitiative sind die Experimentierkoffer „Grundschulchemie", die LANXESS zusammen mit dem renommierten Bildungsmedienverlag Cornelsen und Dr. Rupert Scheuer vom Lehrstuhl der Didaktik Chemie II der Technischen Universität Dortmund erstellt hat. Der für 3. und 4. Klassen konzipierte Koffer soll Grundschülern vor allem die Löslichkeit von Stoffen in Wasser näherbringen. Mit Hilfe von Schutzbrillen, Reagenzgläsern, Thermometern und vielen weiteren Materialien können Kinder das Verhalten von Wasser mit verschiedenen Stoffen wie Gartenerde, Öl oder Salz untersuchen. Lehrer erhalten mit einem Lehr- und Aufgabenbuch, das dem Koffer beiliegt, das Werkzeug, vielfältige Experimente für ihre Schüler zu gestalten. Alle Experimentierstoffe sind dabei auf die Bedürfnisse und Fähigkeiten der Kinder ausgerichtet und vollkommen ungefährlich. Dies gewährleistet die Sicherheit bei der unbefangenen Erforschung von Neuem.

Der Leitgedanke bei der Initiierung des Projekts: Junge Schüler sind neu- und wissbegierig. Oft fehlt es jedoch an Stoffen, Geräten oder Lehrmaterial, um Kindern einen lebendigen Unterricht zu ermöglichen. Deswegen stattete LANXESS seit 2012 bisher 1.000 Grundschulen in Deutschland und weltweit mit den Experimentierkoffern aus, damit Kinder alltägliche Zusammenhänge praktisch und selbstagierend lernen können.

Chemie anwenden

Ein weiterer Punkt ist die Förderung des Unterrichts an Gymnasien, mit der die Initiative ursprünglich begann. LANXESS unterstützte bisher 33 standortnahe Schulen mit Finanz- und Sachspenden. Diese ermöglichten die Anschaffung von Laboreinrichtungen, technischen Geräten und Unterrichtsmaterialien für die Unterrichtsfächer Chemie, Biologie, Physik und Informatik. Ebenso wurden seit 2008 mehr als 50 praxisbezogene Projektwochen und Workshops für Gymnasiasten im Unternehmen zu den Schwerpunktthemen Mobilität, Wasser, Landwirtschaft und Urbanisierung organisiert. Die Aktionen sollen dazu beitragen, die Schüler zu aktuellen und zukünftigen Themen vor allem im chemischen Bereich aufzuklären und ihr Interesse dafür zu wecken, sowohl in persönlicher als auch in beruflicher Hinsicht.

Bildung ist der Rahmen, der die gesamte CR-Aktivität von LANXESS umfasst. Durch sie werden Wissen, Werte und Möglichkeiten, verantwortlich zu handeln, weitergegeben und weiter gefördert. Der LANXESS-Konzern sieht es als seine Pflicht an, die erworbenen Kompetenzen für das eigene Wirtschaften wie auch für das Lösen ökologischer und sozialer Probleme zu nutzen. Bildung ist dabei der Schlüssel, kommenden Generationen diese Kompetenzen zu vermitteln, um es ihnen zu ermöglichen, selber einen Teil zur Nachhaltigkeit beizutragen. ■

AUF EINEN BLICK

Nachhaltigkeit in der CR-Strategie

- Initiative „Mission Bildung" als zentraler Bestandteil der CR
- LANXESS-Bildungsinitiative ist Preisträger des Wettbewerbs „365 Orte im Land der Ideen 2011".
- Experimentierkoffer „Grundschulchemie" für 3. und 4. Klassen
- Förderung von MINT-Fächern an Gymnasien von Produktionsstandorten
- über 6 Millionen Euro Investitionen in Bildungsprojekte weltweit

Kontakt

LANXESS AG
Dr. Silke Jansen
Vice President Corporate Communication &
Head of Public Affairs
Kennedyplatz 1
50569 Köln
T +49 (0) 2 21 / 88 85 - 33 18
F +49 (0) 2 21 / 88 85 - 24 83
E silke.jansen@lanxess.com
W www.lanxess.de

„Wir sind verantwortlich." – Corporate Responsibility bei MAN

Megatrends wie Urbanisierung und Klimawandel sind entscheidend für den Transport- und Energiesektor: Effiziente und alternative Antriebe werden immer wichtiger. Als Reaktion hat MAN seine Corporate-Responsibility-Strategie überarbeitet und das Thema Produktverantwortung stärker in den Fokus gerückt. Weiterer wichtiger Baustein der CR-Strategie ist die langfristige Partnerschaft mit SOS Kinderdorf.

Die Welt ist auf tragfähige Lösungen angewiesen – für den Umgang mit globalen Herausforderungen wie die wachsende Weltbevölkerung, der Klimawandel oder die Globalisierung. Dabei ist neben der Politik auch der Transport- und der Energiesektor gefragt: Lkw und Busse sollen möglichst wenig CO_2-Emissio-

Der „MAN TGX EfficientLine 2" spart gegenüber seinem Vorgängermodell weitere zwei Liter Kraftstoff ein – dank einer Optimierung des Antriebsstrangs sowie des GPS-gesteuerten Tempomaten „MAN EfficientCruise®".

nen und Luftschadstoffe ausstoßen und hohe Sicherheitsstandards erfüllen. Megastädte erfordern intelligente Mobilitätskonzepte für den öffentlichen Personennahverkehr. Und bei Motoren und Turbinen zur Energieerzeugung sollen innovative Technologien die Effizienz weiter steigern. Neue Anforderungen, die uns bei MAN zu Höchstleistungen antreiben.

MAN

Gründung:	1758
Branchen:	Maschinenbau
Umsatz 2014:	14,3 Mrd. Euro
Mitarbeiter:	55.903

Mehr Effizienz geht nicht

In unseren Geschäftsbereichen Commercial Vehicles (MAN Truck & Bus und MAN Latin America) und Power Engineering (MAN Diesel & Turbo und Renk) stellen wir effiziente Nutzfahrzeuge und Transportlösungen sowie Großdieselmotoren und Turbomaschinen für die Zukunft her. Unser Ziel ist es, weniger Kraftstoff zu verbrauchen, weniger Emissionen auszustoßen und alternative Antriebe zu entwickeln, die regenerative Energie nutzen. Ein Beispiel für unsere Innovationskraft ist die erfolgreiche Produktlinie „MAN EfficientLine". Mit konsequent verbrauchsreduzierten Bussen und Lkw bieten wir unseren Kunden Lösungen, die gleichzeitig Kosten und CO_2 einsparen. Das bestätigt auch ein TÜV-Gutachten: Der neue Lkw „MAN TGX EfficientLine 2" spart gegenüber dem Vorgängermodell 6,5 Prozent Diesel ein. Weiteres Vorzeigeprodukt ist unserer „Lion's City GL CNG", der auf der IAA Nutzfahrzeuge 2014 zum „Bus of the Year 2015" gekürt wurde. Der 18,75 Meter lange Gelenkbus wird mit Erdgas betrieben. Mit Biogas oder E-Gas fährt er annähernd CO_2-neutral.

Die MAN-CR-Strategie: die Wertschöpfungskette im Fokus

Unsere CR-Strategie ist seit 2010 fester Bestandteil der Unternehmensstrategie von MAN. Mit ihr greifen wir Anforderungen der Märkte und gesellschaftliche Entwicklungen auf – und integrieren sie in unser Kerngeschäft.

2014 wurde unsere CR-Strategie über einen mehrstufigen Prozess neu ausgerichtet. Dafür haben Experten aus dem Unternehmen zwölf globale Herausforderungen im Hinblick auf ihre Geschäftsrelevanz für MAN bewertet. Im Anschluss wurden diese globalen Herausforderungen auch durch unsere Stakeholder im Rahmen einer Onlinebefragung priorisiert.

Auf dieser Basis haben wir die CR-Strategie und ihre Handlungsfelder validiert und angepasst: Zukünftig richten wir unsere Aktivitäten noch stärker entlang der Wertschöpfungskette aus. Damit rücken die Lieferkette und die Nutzungsphase von MAN-Produkten weiter in den Fokus. Folglich wurde das Thema Produktverantwortung mit als Handlungsfeld in die MAN-CR-Strategie aufgenommen.

Partnerschaft mit SOS-Kinderdorf

Gesellschaftliches Engagement spielt im Rahmen der MAN-CR-Strategie seit Jahren eine unverändert wichtige Rolle. Besonders stolz sind wir auf unsere langfristige Partnerschaft mit dem gemeinnützigen Verein SOS-Kinderdorf. Neben der finanziellen Un-

Seit sieben Jahren kooperiert MAN mit SOS-Kinderdörfern weltweit.

terstützung umfasst diese auch den persönlichen Einsatz unserer Mitarbeiter in verschiedenen Einrichtungen der Organisation.

Mit einer jährlichen Unterstützung von 150.000 Euro sind wir ein verlässlicher Partner an der Seite von SOS-Kinderdorf: Wir verfolgen gemeinsam Projekte, die nachhaltig Wirkung zeigen. In humanitären Notsituationen leisten wir Katastrophenhilfe, wie in Haiti nach dem verheerenden Erdbeben vor fünf Jahren. So konnte durch unsere Unterstützung im Januar 2015 ein neues SOS-Kinderdorf in Les Cayes im Süden von Haiti eröffnet werden. Es umfasst 14 Familienhäuser und bietet den Kindern reichlich Erholungsraum. Derzeit leben dort 63 Kinder. In Santo am Rande der Hauptstadt Port-au-Prince übernehmen wir zudem die Kosten für fünf Lehrer an der dortigen SOS-Hermann-Gmeiner-Schule mit über 700 Kindern, die in der Primär- und Sekundärstufe unterrichtet werden.

Zudem spendete MAN 2014 weitere 75.000 Euro für Nothilfemaßnahmen zur Bewältigung der Ebola-Krise in Westafrika. Neben der internationalen Hilfe unterstützen wir auch Einrichtungen in Deutschland. So fördert MAN im SOS-Berufsausbildungszentrum Nürnberg die Ausbildung von derzeit drei sozial benachteiligten Jugendlichen in unterschiedlichen Fachrichtungen.

MAN-Mitarbeiter im Einsatz

Nicht nur das Unternehmen MAN setzt sich für SOS-Kinderdorf ein, auch unsere Mitarbeiter packen tatkräftig vor Ort mit an: Über unser Programm zum Freiwilligenengagement können sich MAN-Mitarbeiter in München, Augsburg und Salzgitter in verschiedene gemeinnützige Projekte von SOS-Kinderdorf-Einrichtungen einbringen und dafür einmal im Jahr einen halben Tag ihrer Arbeitszeit nutzen. 2014 leisteten über 100 MAN-Mitarbeiter rund 670 Freiwilligenstunden. Auf diese Weise übernehmen sie beispielsweise seit 2013 Bildungspatenschaften im SOS-Beratungs- und Familienzentrum in München-Riem.

Bei allen Aktivitäten achten wir auf die Kontinuität unseres Engagements: Die Kooperation mit SOS-Kinderdorf besteht seit sieben Jahren auf nationaler und internationaler Ebene. Sie begann 2008 mit einem Ausbildungszentrum in Äthiopien. Bis heute erhalten Jugendliche dort die Chance auf eine bessere Zukunft durch eine qualitativ hochwertige technische Berufsausbildung.

Diese Erfolgsstory wollen wir weiter ausbauen: Unsere Kooperation mit SOS-Kinderdorf haben wir 2013 erneut um drei Jahre verlängert. Ganz aktuell unterstützen wir in diesem Jahr SOS-Kinderdorf in Deutschland bei ihrem 60-jährigen Jubiläum. Wir planen gemeinsame Aktionstage mit unseren Mitarbeitern an den MAN-Standorten in Deutschland. Auch ein gemeinsamer Besuch des SOS-Berufsausbildungszentrums in Kality, Äthiopien, steht auf dem Programm.

Mehr im MAN-CR-Bericht

Über weitere Erfolge und Fortschritte der CR-Strategie sowie über unser gesellschaftliches Engagement informieren wir unsere Stakeholder in unserem jährlichen CR-Bericht. In diesem Jahr berichten wir erstmals nach dem internationalen Standard G4 der Global Reporting Initiative (GRI). Zudem lassen wir den Bericht von einer Wirtschaftsprüfungsgesellschaft prüfen. Der CR-Bericht 2014 ist abrufbar unter cr-bericht2014.man.eu. ■

AUF EINEN BLICK

Corporate-Responsibility-Erfolge bei MAN

- **2008:** Start der langjährigen Kooperation mit dem SOS-Kinderdorf e.V.
- **2009:** Eröffnung des SOS-Berufsausbildungszentrums in Kality, Äthiopien
- **2010:** Organisatorisch Verankerung von CR im Unternehmen;
  Verabschiedung der CR-Strategie
- **2011:** Veröffentlichung des ersten CR-Berichts nach GRI;
  Verabschiedung der Klimastrategie mit verbindlichen CO_2-Einsparzielen;
  Start des Freiwilligenengagements von Mitarbeitern in SOS-Kinderdorf-Einrichtungen
- **2012:** Aufnahme in die Dow Jones Sustainability Indizes;
  Erstellung des ersten Product Carbon Footprint;
  Start des Führungskräftetrainings „Manage responsibly"
- **2013:** Auszeichnung mit dem „SAM Sustainability Bronze Class Award";
  Verlängerung der Kooperation mit SOS-Kinderdorf um weitere drei Jahre mit einer jährlichen Unterstützung von 150.000 Euro
- **2014:** Aufnahme in den Climate Disclosure Leadership Index und in den Climate Performance;
  Leadership Index;
  über 500 Führungskräfte weltweit in CR geschult
  19 Prozent CO_2 an den MAN-Produktionsstandorten im Vergleich zu 2008 eingespart

Kontakt
MAN SE
Yvonne Benkert
Head of Corporate Responsibility
Ungererstraße 69
80805 München
T +49 (0) 89 / 3 60 98 - 2 26
E corporateresponsibility@man.eu
W www.man.eu

Gelebte Prinzipien

Mars ist einer der weltweit größten Markenartikelhersteller in Familienbesitz. Seit 1960 ist das Unternehmen erfolgreich in Deutschland tätig und stellt hier heute Produkte aus den Bereichen Heimtiernahrung, Schokolade, Kaugummi und Süßwaren, Lebensmittel und Getränkesysteme her. Qualität, Verantwortung, Effizienz, Gegenseitigkeit und Freiheit sind die fünf Prinzipien, die dem Handeln von Mars zugrunde liegen und an den Standorten in Deutschland aktiv gelebt werden.

Die Geschichte des Unternehmens beginnt 1911 in Tacoma im Westen der USA: Mit 400 US-Dollar Startkapital gründet Frank C. Mars die „Candy Factory". 1923 entsteht die Idee, Schokolade und „Malted Milk", ein Getränk mit Karamellgeschmack, zu kombinieren. Das Resultat ist der weltweit erste Schokoriegel, der noch heute unter dem Namen seines Erfinders bekannt ist: der Mars Riegel. Mit ihm legt Frank C. Mars den Grundstein für einen Weltkonzern, Mars Incorporated. Start in Deutschland ist 1960 mit der Produktion von Heimtiernahrung in Verden. 1979 entsteht die erste Süßwarenfabrik in

Beim Weihnachtsmarkt sorgten der Weihnachtsmann und ein Engel für große Aufregung bei den Kindern.

Viersen, gefolgt von einem Standort für den Vertrieb von Lebensmitteln in Verden 1991. Seit der Übernahme des Tiernahrungsherstellers Royal Canin 2002 ist Mars auch in Köln vertreten, und seit 2008 gehört der weltweit größte Kaugummihersteller Wrigley mit Sitz in Unterhaching zu Mars Deutschland.

MARS deutschland

Mars Deutschland

Gründung:	1911 (Mars Incorporated)
Branche:	Lebensmittel/Süßwaren/Tiernahrung
Mitarbeiter:	2.400 in Deutschland, 75.000 weltweit

Von Anfang an Priorität: gesellschaftliche Verantwortung

Von Beginn an hat sich Mars zum Ziel gesetzt, nicht nur wirtschaftliche, sondern auch gesellschaftliche Verantwortung zu übernehmen. Gegenseitigkeit und Verantwortung sind neben den Grundsätzen Qualität, Effizienz und Freiheit fest in der Unternehmenskultur von Mars verankert. Konkret unterstützt das Familienunternehmen unter anderem die Städte und Regionen, in denen es in Deutschland angesiedelt ist. Doch nicht nur mit Geld- und Sachspenden wird geholfen. Im Mittelpunkt steht vor allem das persönliche Engagement der Mitarbeiter.

Weihnachtliches Engagement von Mars Chocolate

Mars Chocolate in Viersen unterstützt die lokale Tafel, die Lebensmittel an etwa 2.000 sozial benachteiligte Familien im Stadtgebiet Viersen verteilt, seit ihrer Gründung 1997 regelmäßig mit Produkt- und Geldspenden. Vor allem zur Vorweihnachtszeit beweist Mars dabei auch persönliches Engagement. Der Weihnachtsmarkt bei der Viersener Tafel, den das Team von Mars Chocolate seit Jahren organisiert, hat längst Tradition.

Seit 2005 bringen sich die Mitarbeiter hier ein und engagieren sich für die Bedürftigen. Sie bieten neben kulinarischen Köstlichkeiten ein vielfältiges Programm an und sorgen somit für eine weihnachtliche Atmosphäre. Für Kinder gibt es neben vielen bunten Überraschungen individuelle Weihnachtsgeschenke, die zum Abschluss des Weihnachtsmarktes durch den Weihnachtsmann verteilt werden.

Darüber hinaus hat Mars bereits zahlreiche Projekte für die Viersener Tafel durchgeführt, von denen die betroffenen Familien in der Region profitieren.

Nachhaltiger Einsatz für Mensch und Tier

Freiwillige Arbeitseinsätze stehen bei Mars Petcare in Verden regelmäßig auf der Tagesordnung. Hier packt jeder gern mit an, wenn es darum geht, Verantwortung zu übernehmen und anderen zu helfen. Im Fokus stehen dabei vor allem zwei Einrichtungen: die Verdener StadtWaldFarm und das Institut für soziales Lernen mit Tieren in der Wedemark.

Im Sommer 2014 entstand auf dem Gelände der StadtWaldFarm dank des engagierten Einsatzes des Marketingteams von Mars Petcare beispielsweise ein „Barfußweg“. Dort können die kleinen und großen Besucher spielerisch ihr Gefühl für verschiedene Untergründe wie Waldboden oder Kieselsteine schulen.

Auch das Institut für soziales Lernen mit Tieren in der Wedemark, das unter anderem tiergestützte Be-

Kinder nehmen Kontakt zu einem „Helfer auf vier Pfoten"-Hund auf.

suchsdienste und Therapiemöglichkeiten für Kinder und Jugendliche anbietet, erhält regelmäßig Unterstützung von Mars Petcare. Zuletzt half ein Team aus der Produktion tatkräftig dabei, das Gelände in Ordnung zu bringen. Einen Tag lang wurde eifrig gegärtnert, gestrichen und repariert – sehr zur Freude von Betreiberin Ingrid Stephan.

Team von Mars Food „ackert" auf der StadtWaldFarm in Verden

Rund 35 Mitarbeiter von Mars aus Verden krempelten im Sommer 2014 bei der StadtWaldFarm gemeinsam die Ärmel hoch. Dank des engagierten Teameinsatzes des Geschäftsbereichs Food entstanden an nur einem Tag zahlreiche nachhaltige und nützliche Veränderungen: ein Bauerngarten samt Kräuterbeet, ein Gemüsegarten, zwei Hochbeete und ein Grillplatz für die Gäste der StadtWaldFarm. Frische Kräuter ernten, gemeinsam grillen und genießen – all das können die Besucher dank der „Marsianer". Alle ausgewählten Projekte drehten sich an diesem Tag um das Thema Ernährung – das ist auch die Kernkompetenz des Geschäftsbereichs Food von Mars. Dank vieler helfender Hände der Mars-Mitarbeiter gewann das Gelände der StadtWaldFarm so weiter an Qualität und Vielfalt. Ein Beispiel, das zeigt, dass sich das Team nicht nur für den Geschäftserfolg starkmacht, sondern mit seinen Projekten vor Ort darüber hinaus einen Mehrwert für die Region schafft.

„Helfer auf vier Pfoten"

Im Rahmen des Projekts „Helfer auf vier Pfoten", das Royal Canin ins Leben gerufen hat, besuchen Hundehalter mit ihren Tieren ehrenamtlich Kindergärten und Schulen. Ziel ist es, Kindern einen respektvollen Umgang mit den Vierbeinern zu vermitteln und gleichzeitig ihre soziale Kompetenz zu stärken. Auch der Spaß kommt bei den gemeinsamen Aktivitäten natürlich nicht zu kurz. Um die Qualität des Hundebesuchsdienstes zu gewährleisten, absolviert jedes „Helfer auf vier Pfoten"-Team einen eigens dafür entwickelten Eignungstest, bei dem sowohl Hunde als auch Halter geprüft werden und der von einem Tierarzt durchgeführt wird.

2012 wurde die Aktion „Helfer auf vier Pfoten" im Rahmen des Wettbewerbs „365 Orte im Land der Ideen" ausgezeichnet. Jährlich wurden dabei von 2006 bis 2012 insgesamt 365 herausragende Projekte und Ideen prämiert, die einen nachhaltigen Beitrag für die Zukunftsfähigkeit Deutschlands leisten.

Wrigleys Engagement für Zahngesundheit

Seit mehr als 20 Jahren engagiert sich Wrigley in Deutschland für eine bessere Zahngesundheit. Mit verschiedenen Initiativen will das Unternehmen dazu beitragen, möglichst vielen Menschen ein gesundes Lächeln ins Gesicht zu zaubern. Zentraler Baustein des Engagements ist die weltweite Gesundheitsinitiative „Wrigley Oral Healthcare Program".

Ein besonderes Highlight im Jahr 2014 war die Unterstützung von Special Smiles Deutschland, einem von sechs Gesundheitsprogrammen im Rahmen der Special Olympics, die im Mai in Düsseldorf stattfanden. Das Projekt lag auch den Wrigley-Mitarbeitern sehr am Herzen. Neben dem finanziellen Engagement durch die Wrigley Company Foundation waren rund 40 Wrigley-Mitarbeiter an den Wettbewerbstagen ehrenamtlich im Einsatz. Mit interaktiven Elementen zeigten sie den Teilnehmern anschaulich, wie sie ihre Zähne am effektivsten reinigen können. Zahnärzte der Landeszahnärztekammer boten Kontrolluntersuchungen an und gaben den Athleten Tipps für die zukünftige Prophylaxe. ■

AUF EINEN BLICK

Kooperationen/Projekte
- Deutscher Tierschutzbund
- Forum nachhaltiger Kakao
- peb Plattform für Ernährung und Bewegung e.V.
- Special Smiles
- Wrigley Oral Healthcare Programs (WOHP)
- WWF

Mitarbeiter
- Fair Company
- Great Place to Work®

Zertifizierungen
- Fairtrade, Rainforest Alliance, UTZ
- FSSC 220001
- HACCP
- ISO 14001 f., ISO 50001, ISO 9001 f.
- MSC

Kontakt

Mars Chocolate Germany
Martin Neipp
Head of Corporate Affairs
Industriering 17
41751 Viersen
T +49 (0) 21 62 / 5 00 22 25
F +49 (0) 21 62 / 5 00 26 50
E presse-chocolate@mars.de
W www.mars.de
www.mars-presse.de

„Gönnung" mit Verantwortung

In Deutschland durchläuft die Ernährungsbranche zurzeit rasante Veränderungen. Neue Foodtrends, höhere sozialökologische Anforderungen und nicht zuletzt die Rückkehr des Expertenstatus der Konsumenten fordern auch den größten Systemgastronomen Deutschlands heraus. Nachhaltigkeit spielt bei der Bewältigung des Veränderungsprozesses eine wichtige Rolle.

Pionierarbeit im Rückblick

Die ersten Überlegungen, Nachhaltigkeit als eigenen Fachbereich bei McDonald's Deutschland strategisch zu verankern, begannen vor über fünf Jahren. Im Laufe des Jahres 2010 richtete die Geschäftsleitung eine Stabsstelle für das Thema Nachhaltigkeit mit direkter Berichtslinie an den Vorstand ein.

Die ihr zugeordneten Aufgaben umfassen bis heute die Entwicklung und kontinuierliche Implementierung einer Nachhaltigkeitsstrategie für McDonald's Deutschland sowie das Messbarmachen von Fortschritten anhand von nichtfinanziellen Indikatoren.

Zudem sorgt die Stabsstelle dafür, dass interne und externe Stakeholder jederzeit aktuelle, beleg-

Die Herkunft der Produktzutaten spielt für den Konsumenten eine zunehmende Rolle. Rund 90 Prozent des von McDonald's verarbeiteten Rindfleischs stammen aus Deutschland.

McDonald's Deutschland

Gründung:	1971
Branche:	Systemgastronomie
Umsatz 2013:	über 3 Mrd. Euro
Mitarbeiter 2013:	60.946 in Deutschland, ca. 1,8 Millionen weltweit

bare und nachvollziehbare Informationen zur ökologischen und sozialen Nachhaltigkeit von McDonald's abrufen können – vorrangig in Form des Nachhaltigkeitsberichts, der im engen Schulterschluss mit der Unternehmenskommunikation entwickelt wird.

McDonald's Deutschland hat sich mit Partnern – unter anderem mit dem Wuppertal Institut für Umwelt, Klima, Energie – Expertise im Bereich Nachhaltigkeit erarbeitet. Im Rahmen des gemeinsamen Projekts „Sustainable McDonald's Deutschland" stand die Forschungsfrage im Mittelpunkt: „Wie eigentlich geht nachhaltiges Fast Food?"

Zu den Ergebnissen dieser Pionierarbeit gehören unter anderem die Identifizierung von Nachhaltigkeitsschlüsselthemen über die gesamte Wertschöpfungskette hinweg sowie die Erkenntnis, dass in der Wahrnehmung der Stakeholder Nachhaltigkeit in der Lieferkette, in den Produkten sowie der faire Umgang mit Mitarbeitern die Prüfsteine für eine glaubwürdige Verankerung unternehmerischer Verantwortung bei McDonald's sind.

Für das konkrete Nachhaltigkeitsmanagement heißt das, gezielt und auf vielfältige Weise zu diesen relevanten Themen in Dialog zu treten, ohne dabei jedoch den Fokus auf den ganzheitlichen, operativen Managementansatz zu verlieren.

Das Thema Fleischkonsum als aktuelle Herausforderung

Sozialer und kultureller Wandel wirkt sich immer auch auf die Ernährungsbranche aus und löst dort Veränderungsprozesse aus, die sich zwischen soziokulturellen und Konsumtrends bewegen. Lösungsversuche für tiefergehende, auch globale Problemstellungen können sich durchaus in lokalen Foodtrends widerspiegeln. Die aktuelle Diskussion in Deutschland zum Thema Fleischkonsum ist dafür ein gutes Beispiel.

Ein Blick zurück zu den Anfängen der Unternehmensgeschichte von McDonald's zeigt diesen Wandel: In den 1940er Jahren, als die Brüder Richard und Maurice McDonald nach der „Großen Depression" in den USA ihre ersten Drive-in-Restaurants erfolgreich be-

McDonald's setzt seit diesem Jahr bei ausgewählten Burgern besondere Fleischqualitäten wie Simmentaler Rindfleisch ein.

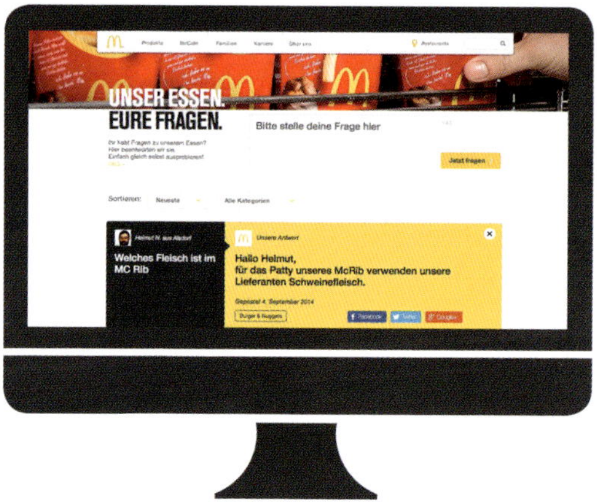

Mit der Dialogplattform „Unser Essen. Eure Fragen." kommt McDonald's dem gestiegenen Informationsanspruch seiner Gäste zu den Produkten entgegen.

trieben, war außer Haus – und Fleisch – zu essen ein Zeichen des wirtschaftlichen Aufschwungs, insbesondere für Familien.

Heute ist der Genuss von Fleisch ein Symbol des Aufstiegs in den aufstrebenden Volkswirtschaften Asiens und Südamerikas. In Europa ist Fleisch dagegen selbstverständlicher Teil des Alltags. Aber gerade aufgrund des stark gestiegenen Konsums haben sich in den westlichen Industriegesellschaften Wahrnehmung und Wertschätzung von tierischen Produkten stark geändert.

Wie der kürzlich erschienene „Food Report 2015" der österreichischen Ernährungswissenschaftlerin Hanni Rützler belegt, liegt das u.a. an immer wiederkehrenden Lebensmittelskandalen, Gesundheits- und nicht zuletzt Nachhaltigkeitsdebatten, bei denen die Konsequenzen des Fleischkonsums für Ökosysteme weltweit und Fragen der Ethik, insbesondere im Hinblick auf die effizienzgetriebene Intensivtierhaltung, im Mittelpunkt stehen.

Gesundheitsbewusste Verbraucher setzen zudem Ausgewogenheit, Vielfalt und einen hohen Anteil an Gemüse und Getreideprodukten auf ihre Speisezettel. Dieser Wandel im Verbraucherverhalten ist für das ikonische Produkt von McDonald's, den Burger, und damit für die Marke eine Herausforderung.

Die Frage ist, wie McDonald's diese Chance nutzt, um die Relevanz und damit die Attraktivität für seine Gäste weiter zu festigen, und welche Rolle dabei dem Thema Nachhaltigkeit zukommen kann.

Produktqualität, Nachhaltigkeit und Markenvertrauen gehören zusammen

Nach wie vor ist nicht Nachhaltigkeit die primäre Erwartung, die Gäste haben, wenn sie ein McDonald's-Restaurant betreten, sondern dass sie frische, gut schmeckende Produkte zu einem akzeptablen Preis schnell und freundlich serviert bekommen.

Moderne Food- und Konsumtrends machen es jedoch wie gezeigt erforderlich, dass zu diesen weiterhin beliebten Grundprinzipien des Fast Foods dem Zeitgeist entsprechende Aspekte sichtbar und spürbar hinzukommen.

Ein Aspekt betrifft die Produktzutaten und deren Herkunft, denn Produktqualität, Nachhaltigkeit und Markenvertrauen rücken in der Vorstellung des Gastes immer enger zusammen. Um dem wachsenden Qualitäts- und Verantwortungsbewusstsein der Konsumenten gerecht zu werden, gibt es bei McDonald's mittlerweile besondere Fleischqualitäten, wie zum Beispiel Simmentaler Rindfleisch deutscher Herkunft. Ebenso wird sich McDonald's stärker mit der Evolution des vegetarischen Angebots auseinandersetzen. Zusätzlich sorgt McDonald's in steigendem Maße für Transparenz im Hinblick auf ökologische und ethische Fragestellungen, verbunden mit dem Ziel, im Rahmen seiner Möglichkeiten höchstmögliche Standards entlang der Lieferkette anzuwenden.

Ausblick: Konsumenten-Empowerment als Katalysator

Ein weiterer Aspekt betrifft die Information. Denn genauso wie über digitale Medien und soziale Netzwerke vermitteltes Ernährungswissen an Bedeutung und Einfluss gewinnt, verlieren Nahrungsmittelproduzenten und -industrie den unhinterfragten Status als „Experten". Die Wissenskommunikation im Netz und das daraus folgende Konsumenten-Empowerment machen auch vor dem Burger nicht halt: Jeder kann mitreden.

Daher beantwortet McDonald's seit 2013 alle Fragen rund ums eigene Essen auf einer eigenen Plattform („Unser Essen. Eure Fragen.", www.frag.mcdonalds.de), online und für jeden einsehbar.

Konsumenten-Empowerment als Teil der Nachhaltigkeitsstrategie von McDonald's Deutschland zu verstehen bedeutet, eine kontinuierliche Transformation des Themas selbst sowie der Aufgabenstellung zuzulassen. Es ist der Abschied von einem statischen Konzept. Kommunikationstechnologien haben Stakeholder von Kritikern zu aktiven Mitgestaltern entwickelt; Umweltschutz im Restaurantbetrieb alleine ist angesichts der komplexen Herausforderungen für Menschen und Ressourcen schon lange nicht mehr ausreichend, um dem Anspruch einer nachhaltigen Unternehmensführung gerecht zu werden. Mittlerweile geht es um wesentliche Veränderungen. ■

AUF EINEN BLICK

Landwirtschaft
- Nachhaltigkeit in der Landwirtschaft
- Rohwaren aus Deutschland

Verarbeitung
- Lebensmittelsicherheit
- Optimierung der Nährwerte

Transport
- Umwelt- und Klimaschutz bei Lagerung und Transport

Restaurant
- gute Atmosphäre
- 100 Prozent Ökostrom
- Wertstofftrennung

Mitarbeiter
- faire Bezahlung
- sehr gute Aus- und Weiterbildungsmöglichkeiten

Recycling
- Wiederverwertung der Restaurantabfälle

Kontakt

McDonald's Deutschland Inc.
Dietlind Freiberg
Senior Director
Corporate Responsibility & Environment
Drygalski-Allee 51
81477 München
T +49 (0) 89 / 7 85 94 - 82 15
F +49 (0) 89 / 7 85 94 - 3 68
E verantwortung@mcdonalds.de
W www.mcdonalds.de/verantwortung

Zukunft im Blick: junge Menschen für IT begeistern

Um unsere hochtechnisierte Welt zu gestalten, benötigen wir kreative Köpfe – junge Menschen, die Technik leben, verstehen und innovative Lösungen schaffen. Microsoft setzt sich in zahlreichen Initiativen dafür ein, Kinder, Jugendliche und junge Erwachsene nachhaltig für neue Technologien zu begeistern. Vom Programmier-Workshop bis hin zum „Girls' Day": In anregenden Projekten werden das Interesse für IT-Berufe geweckt, Berufschancen aufgezeigt und IT-Nachwuchskräfte gefördert.

Mathematik, Informatik, Naturwissenschaften und Technik – das Interesse an den sogenannten MINT-Fächern sinkt bei Deutschlands Schülern zunehmend. Das ergab eine Studie der Deutschen Akademie der Technikwissenschaften (Acatech) und der Körber-Stiftung. Der Nachwuchs an qualifizierten Bewerbern in den naturwissenschaftlich-technischen Berufen ist entsprechend knapp. Im Herbst

Microsoft weckt die Neugierde junger Mädchen für IT am „Girls' Day".

2014 veröffentlichte das Institut der deutschen Wirtschaft Köln, dass dem hiesigen Markt rund 123.600 Arbeitskräfte im MINT-Bereich fehlen würden. Allein in der schnell wachsenden IT-Branche waren 2014 laut Branchenverband BITKOM über 41.000 Stellen unbesetzt. Um dem drohenden Fachkräftemangel in Deutschland entgegenzuwirken, möchte Microsoft Kinder, Jugendliche und junge Erwachsene frühzeitig für neue Technologien begeistern und ihnen chancenreiche Berufsperspektiven aufzeigen.

Microsoft

Gründung:	1975 1983 Gründung von Microsoft Deutschland
Branche:	Informationstechnologie/ Soft- und Hardware
Umsatz 2014:	86,83 Mrd.US-Dollar
Mitarbeiter:	ca. 2.700 in Deutschland, ca. 99.000 weltweit

Programmieren lernen mit „Code your Life"

So gibt Microsoft im Rahmen der bundesweiten Initiative „Code your Life" Schülerinnen und Schülern im Alter zwischen 10 und 14 Jahren Einblicke in die IT-Arbeitswelt und vermittelt ihnen spielerisch grundlegende Programmierkenntnisse. „Wir sind der festen Überzeugung, dass alle jungen Menschen die Möglichkeit haben sollten, programmieren zu lernen", sagt Inger Paus, Leiterin Gesellschaftliches Engagement bei Microsoft Deutschland. „In allen Bereichen des heutigen Lebens spielt IT eine bedeutsamere Rolle. Doch die meisten Menschen sehen sich nur in der Rolle des Konsumenten, nicht in der des Produzenten. Dabei werden händeringend qualifizierte Nachwuchskräfte mit IT-Know-how in Deutschland gesucht – von Start-ups wie von den großen Industrieunternehmen. Wer programmieren lernt, kann neue Technologien nicht nur kompetenter anwenden, sondern selbst entwickeln", so Paus. Ob die Gestaltung einer eigenen App oder das Programmieren einer selbst entworfenen Animation – in den regelmäßig stattfindenden „Code your Life"-Workshops stellen die Kinder und Jugendlichen ihre Kreativität unter Beweis und lernen, über sich hinauszuwachsen.

IT-Girls in Aktion

Vor allem Mädchen und junge Frauen werden von Microsoft ermutigt, die Faszination der Informationstechnologie zu entdecken. Denn noch immer liegt der Frauenanteil in der IT-Branche bei weniger als 40 Prozent. Anlässlich des „Girls' Day" öffnet Microsoft alljährlich seine Pforten, um Schülerinnen einen Blick hinter die Kulissen eines weltweit agierenden IT-Unternehmens zu ermöglichen. Statt staubtrockener Theorie geht es um das aktive Erleben, Ausprobieren, Testen und Tüfteln. Wie verändert IT den Arbeitsalltag und die Arbeitskultur? Was wird in Zukunft möglich sein, und welche Potentiale eröffnet das Berufsfeld jungen Frauen? Diese und andere Fragestellungen prägten den Projekttag im Jahr 2014. Zehn erfolgreiche Mitarbeiterinnen begleiteten 60 Mädchen durch den „Arbeitstag" bei Microsoft Berlin und standen ihnen Rede und Antwort. In Workshops konnten die Teilnehmerinnen ihre eigenen Vorstellungen und Wünsche mit Hilfe verschiedener Medien ausarbeiten. Am Ende trugen die Mädchen die Ergebnisse ihrer Zukunftsszenarien in einer mit dem App-Baukasten „Projekt Siena" entwickelten Anwendung zusammen.

Junge IT-Talente treten beim „Imagine Cup" mit kreativen Lösungen an und kommen auf der großen internationalen Bühne zusammen.

„Imagine Cup" bietet internationale Bühne für junge IT-Talente

Ob eine IT-Lösung zur Verbesserung von Rettungseinsätzen in Krisengebieten oder eine App, die Schülern und Lehrern die digitale Verwaltung der Stundenpläne und Lerninhalte erleichtert – der Ideenreichtum der IT-Nachwuchstalente ist grenzenlos. Der „Microsoft Imagine Cup", der Technologiewettbewerb für Schüler und Studenten aus der ganzen Welt, bietet eine internationale Bühne für junge IT-Talente. Wer mit seinem Projekt alle nationalen Vorauswahlen übersteht, darf zum großen internationalen Finale reisen und kann dort seinen Beitrag vor namhaften Vertretern aus Industrie und Forschung präsentieren. Peter Jaeger, Mitglied der Geschäftsleitung von Microsoft Deutschland, ist vom Sprungbrett „Imagine Cup" überzeugt: „Egal, ob man gewinnt oder nicht, die Chancen beim ‚Imagine Cup' sind einmalig: Der Austausch auf Technologie- und auf Geschäftsebene, die weltweiten Kontakte, die man hier schließt, und die Projekterfahrung, die man hier sammelt, sind einzigartig." Seit 2003 haben sich mehr als 1,7 Millionen junge Menschen aus über 90 Nationen an der Technologie-Olympiade teilgenommen. Im Jahr 2014 kamen 34 Teams aus aller Welt in Seattle zusammen, um mit ihren Ideen gegeneinander anzutreten. Das australische Team „Eyenaemia" überzeugte die Fachjury mit seiner lebensrettenden IT-Lösung: Die Medizinstudenten haben die App „Eyenaemie" entwickelt und sich dafür den aktuellen Selfie-Trend zunutze gemacht. Ihr Screening-Tool auf Basis von Microsoft Azure er-

Mit der Bildungsinitiative „YouthSpark" fördert Microsoft den Zugang junger Menschen zu Bildung und Technologie.

möglicht es, mit einem Foto eine Anämie (Blutarmut) selbst zu diagnostizieren, um frühzeitig medizinische Hilfe in Anspruch nehmen zu können.

„YouthSpark" verbessert Bildungs- und Berufschancen

Ohne fundierte IT-Kenntnisse haben junge Menschen kaum eine Chance, auf dem Arbeitsmarkt zu bestehen. Dabei werden Nachwuchskräfte in vielen Branchen dringend gesucht. Die Schwäche vieler Jugendlicher: Neben fehlendem Praxiswissen kritisieren die Unternehmen bei Bewerbern häufig die unzureichenden Kenntnisse im Umgang mit modernen Technologien. Mit der 2012 gestarteten Bildungsinitiative „YouthSpark" will Microsoft in den kommenden Jahren weltweit 300 Millionen jungen Menschen einen besseren Zugang zu Bildung und Technologie ermöglichen und ihnen damit den Einstieg in ein erfolgreiches Berufsleben erleichtern. Das „21st Century Competence Center" des Berliner Fördervereins für Jugend und Sozialarbeit e.V. (fjs) zählt zu den ersten Förderprojekten in Deutschland. In dem mit neuesten Technologien ausgestatteten Bildungszentrum werden interaktive Lernszenarien für die Schüler erlebbar. Innovative Lernbeispiele helfen Lehrern darüber hinaus, moderne Medien sinnvoll in Unterrichtskonzepte zu integrieren. ■

AUF EINEN BLICK

Microsoft Ventures Accelerator – das Gründerprogramm für Start-ups

Microsoft fördert nicht nur die IT-Kompetenzen von Schülern und Studenten – das Unternehmen macht sich auch für junge IT-Gründer stark. Mit dem Accelerator-Programm, das Ende 2013 in Berlin startete, fördert Microsoft Deutschland jeweils vier Monate lang acht bis zehn ausgewählte Start-ups auf ihrem erfolgreichen Weg in den Markt. In der fünften Etage von Microsoft Berlin arbeiten die Jungunternehmer vier Monate lang intensiv an der Ausarbeitung ihrer Geschäftsideen und werden dabei von Technologieexperten und Mentoren aus der Gründer- und Investorenszene gecoacht. Der entscheidende Vorteil für die Teilnehmer: Die Start-ups durchlaufen während dieses Prozesses alle wichtigen unternehmerischen Fragestellungen zum Markteintritt, zur Businessstrategie und zum Aufbau einer intelligenten, Cloud-gestützten Infrastruktur. Bisher bewarben sich rund 1.000 Start-ups für einen Platz im deutschen Accelerator-Programm.

BizSpark – Katalysator für Gründer

Der Schritt, ein eigenes Hightechunternehmen zu gründen, erfordert Mut und Entschlossenheit. Microsoft möchte die Macher von morgen in der Anfangsphase entlasten. Die BizSpark-Initiative ist deshalb speziell auf die Bedürfnisse von Start-ups zugeschnitten. Durch kostenlose Software, Zugang zu Cloud-Services und viele hilfreiche Kontakte fördert Microsoft die Gründer bei der Umsetzung ihrer Innovationen. Zusätzlich bekommen BizSpark-Mitglieder technischen Support bei allen Fragen rund um die Microsoft-Technologien. Allein in Deutschland nehmen über 1.500 Start-ups an dem Programm teil, weltweit wurden bereits über 75.000 Unternehmen unterstützt.

Kontakt

Microsoft Deutschland GmbH
Inger Paus
Leiterin Gesellschaftliches Engagement
Unter den Linden 17
10117 Berlin
T +49 (0) 30 / 39 09 70
E politik@microsoft.com
W www.microsoft.de/politik
www.facebook.com/MicrosoftPolitik

Opel

Verantwortung innerhalb und außerhalb des Unternehmenszauns

In unserer durch einen raschen Wandel gekennzeichneten und beinahe vollständig vernetzten Welt ergeben sich in immer schnellerer Taktung Herausforderungen für Gesellschaft, Unternehmen sowie jeden Einzelnen. Die Bandbreite der davon betroffenen Lebensbereiche ist sehr weit und bringt spannende Phänomene mit sich, die den modernen Zeitgeist widerspiegeln. Die zunehmende Auseinandersetzung von Unternehmen mit ihrer gesellschaftlichen und sozialen Verantwortung stellt ein solches Phänomen dar und zählt nach unserer Auffassung zu den positiven Errungenschaften unserer Zeit.

Opel hat bereits 2012 eines der größten Solardach-Kraftwerke Europas in Rüsselsheim in Betrieb genommen und setzt seine Solar-Offensive auch in Zukunft fort.

Wir leben Autos.

Opel

Gründung:	1862
Branche:	Automobil
Umsatz 2014:	22,235 Mrd. US-Dollar (GME)
Mitarbeiter:	über 16.500 in Deutschland, 34.500 in Europa

Während vor zehn Jahren der Begriff der Corporate Responsibility nur vereinzelt durch die Gänge großer Unternehmenszentralen geisterte und zuweilen als Marketinginstrument verstanden wurde, findet heute eine intensive und ernsthafte Auseinandersetzung mit der Frage statt, was sich tatsächlich dahinter verbirgt beziehungsweise verbergen sollte. Ehemals als Unique Selling Point eingestuft, gilt Corporate Responsibility heute als ein Grundverständnis verantwortungsbewussten und nachhaltigen Wirtschaftens.

Glaubwürdigkeit und Authentizität im Mittelpunkt

Dieses Grundverständnis hat sich auch Opel zu Eigen gemacht und schaut bei der Auflage entsprechender Aktivitäten auf die nachfolgenden fünf Handlungsfelder: Produkt, Governance, Umwelt, Mitarbeiter und Gesellschaft. Darin spiegeln sich alle für ein international agierendes und produzierendes Unternehmen des Automobilsektors relevanten Aspekte wider. Es ist sicherlich keine neue Erkenntnis, dass Kaufentscheidungen von jeher vom Image des Verkäufers beeinflusst sind. Doch schaut man auf das zurückliegende Jahrzehnt und vergleicht die damaligen imagebildenden Parameter mit Angaben der Konsumenten von heute, wird erkennbar, dass die Beantwortung der Frage, wie ernst Unternehmen ihre unternehmerische Verantwortung nehmen, immer mehr an Bedeutung gewinnt. Dabei stehen Glaubwürdigkeit und Authentizität im Mittelpunkt der Beurteilung einer entsprechenden Unternehmensstrategie.

Opel konzentriert sich deshalb auf die genannten fünf Säulen und initiiert insbesondere solche Projekte, die Schnittmengen aller Bereiche abdecken. Dies ist aufgrund der engen Verzahnung von Gesellschaft und Automobil sehr häufig der Fall. Beispielhaft seien energiesparende Produktionsverfahren und die Herstellung besonders effizienter Fahrzeuge genannt. In beiden Fällen wird schon auf den ersten Blick deutlich, dass sie alle Disziplinen tangieren.

Globale Nachhaltigkeitsstrategie

So wie das Thema Energie und die damit verbundenen CO_2-Emissionen global betrachtet werden müssen, ist auch Opel auf diesen Handlungsfeldern eingebunden in die globale Nachhaltigkeitsstrategie des Mutterkonzerns General Motors (GM). Der in diesem Zusammenhang angeführte Begriff der Nachhaltigkeit ist ein gleichermaßen zitierter Ausdruck unserer Zeit. Vieles wird darunter subsummiert, doch was verbirgt sich tatsächlich dahinter? Per Definition des Duden eine „längere Zeit anhaltende Wirkung". Den sich aus dieser Beschreibung ergebenden Auftrag sehen wir durch unseren Ansatz, die Corporate-Responsibility-Aktivitäten mit unseren Produkten und insbesondere den Themen Klima- und Umweltschutz zu verknüpfen, in herausragender Weise erfüllt. Für die Fertigung der Fahrzeuge hat sich der Konzern deshalb im Sinne seiner gesamtgesellschaftlichen Verantwortung ehrgeizige Ziele gesetzt.

Genügsam: Der 1.3 CDTI-Vierzylinder verbraucht im Minimum lediglich 3,1 Liter pro 100 Kilometer, Effizienzklasse A+.

Auf der Agenda stehen unter anderem die Reduzierung des Energieverbrauchs von 2,22 (2013) auf 1,97 (2020) Megawattstunden pro Fahrzeug – über alle weltweiten GM-Fertigungswerke gerechnet – oder die Erhöhung des Anteils erneuerbarer Energien auf 125 Megawatt im Jahr 2020, wobei Opel mit einem Sprung von von 12,6 (2010) auf 30 (2020) einen wesentlichen Anteil im Konzern trägt. Bereits im Vergleich der Jahre 2013 und 2014 ist es gelungen, den Energieverbrauch pro Fahrzeug um 13 Prozent zu senken.

Die größte Relevanz für Umwelt und Nachhaltigkeit hat für Opel allerdings immer noch die Kraftstoffeffizienz der hergestellten Fahrzeuge. Hier hat Opel seit Einführung der „ecoFLEX"-Technologie 2008 ein breites Spektrum an hocheffizienten Modellen vorgestellt und kontinuierlich den Kraftstoffverbrauch und die Emissionen gesenkt. Die „ecoFLEX"-Modelle zeichnen sich durch eine optimale Balance aus Effizienz und Wirtschaftlichkeit auf der einen Seite sowie Dynamik und Fahrspaß auf der anderen Seite aus. Dafür sorgt ein Mix aus Spritspartechnologien und Maßnahmen wie beispielsweise Start/Stop-System, Gewichtsreduzierung, geringere Luft- und Rollwiderstände sowie optimierte Motoren. Opel hat weit über hundert „ecoFLEX"-Modelle über alle Baureihen hinweg im Angebot (Stand: Oktober 2014), vom Elektroauto Ampera über den Familien-Van Zafira bis hin zum neuen Opel Corsa mit einem Verbrauch von nur 3,1 Litern pro 100 Kilometer (82 Gramm CO_2 pro Kilometer).

Tatsächlicher Energieverbrauch

Das Thema Energie beinhaltet nach unserem Verständnis des Nachhaltigkeitsbegriffs aber noch weit mehr als energiesparende Fahrzeugmodelle und eine effiziente Fahrzeugproduktion. Entscheidend ist auch die Fahrleistung der 240 Millionen Autos in Europa und wie diese gefahren werden. Opel versteht sich deshalb beim Thema Gesamtenergieverbrauch und CO_2-Emissionen aller Fahrzeuge als eine treibende Kraft für eine grundlegende Reform der bestehenden europäischen CO_2-Regulierung.

Die derzeit gültigen Regularien betrachten ausschließlich den Durchschnittsverbrauch der Neuwagen eines Jahrgangs und ganz konkret die Zielvorgaben 130 Gramm CO_2 pro Kilometer (2015) und 95 Gramm CO_2 pro Kilometer (2021). Diese Regularien gelten dagegen nicht für den Fahrzeugbestand und – noch wichtiger – spiegeln nicht den tatsächlichen Energieverbrauch des Autos wider. Eine verantwortungsvolle Betrachtung dieses für unsere Umwelt so bedeutenden Aspekts sieht nach unserer Auffassung jedoch anders aus, und so setzt sich Opel für eine Ergänzung der bestehenden Regularien (130 Gramm und 95 Gramm) um eine zweite Option ein: den bereits in der Energiewirtschaft seit vielen Jahren erfolgreich praktizierten Emissionshandel (ETS). Konkret würde dabei der Nachweis der EU-ETS-Zertifikate entsprechend der verkauften Kraftstoffmengen durch die „Inverkehrbringer" der Kraftstoffe erbracht werden und die Umlegung der zugehörigen Kosten auf die Kraftstoffkunden erfolgen. So könnten der tatsächliche Energieverbrauch der Fahrzeugflotte und somit die Gesamtemissionen des Straßenverkehrs genau gemessen und geregelt werden. Durch die Grundprinzipien des Emissionshandels („Cap and Trade") wäre zudem sichergestellt, dass eine festgelegte Obergrenze an Emissionen (das Cap) nicht überschritten wird und durch den Handelsmechanismus (Trade) eine volkswirtschaftlich sinnvolle Lenkung von CO_2-Vermeidungskosten erfolgt.

Der beschriebene Lösungsansatz deckt sich mit unserem Verständnis der Wahrnehmung gesamtgesellschaftlicher Verantwortung – sowohl von Unternehmen als auch jedes Einzelnen. Das Engagement und Werben für einen entsprechenden Paradigmenwechsel steht deshalb auch in Zukunft im Mittelpunkt unserer Corporate-Responsibility-Aktivitäten. ■

AUF EINEN BLICK

Opel, einer der größten europäischen Automobilhersteller, wurde im Jahr 1862 von Adam Opel in Rüsselsheim gegründet. Die Marke mit dem Blitz verkauft jährlich mehr als eine Million Fahrzeuge und war damit im Jahr 2014 die drittstärkste Pkw-Marke in der Europäischen Union. Opel befindet sich in der größten Modelloffensive seiner Geschichte und wird bis 2018 insgesamt 27 neue Fahrzeuge und 17 neue Motoren auf den Markt bringen. Mit Fahrzeugen wie dem kompakten SUV Mokka, dem Lifestyle-Kleinwagen ADAM und dem eleganten Cabrio Cascada hat Opel neue Segmente besetzt.

Das Unternehmen mit seiner Zentrale in Rüsselsheim hat elf Werke und vier Entwicklungs- und Testzentren in acht europäischen Ländern. Opel beschäftigt europaweit rund 34.500 Mitarbeiter, davon mehr als 16.500 in Deutschland. Opel und seine britische Schwestermarke Vauxhall sind in über 50 Ländern vertreten. Im Jahr 2014 wurden weltweit 1,095 Millionen Opel/Vauxhall-Pkw und leichte Nutzfahrzeuge verkauft.

Mit Wirkung zum 1. Juli 2014 wurde die Opel Group GmbH gegründet – als Schwestergesellschaft der Adam Opel AG. Sie bündelt die Verantwortung für Opel/Vauxhall sowie alle anderen Aktivitäten von GM in Europa. Die Geschäftsführung der Opel Group unter der Leitung von Dr. Karl Thomas Neumann hat ihren Sitz ebenfalls in Rüsselsheim. Das operative Geschäft der Adam Opel AG bleibt von der Neuorganisation unberührt.

Kontakt

Adam Opel AG
Yasmine Schritt
Manager Strategic Planning
Public Policy & Government Relations
Friedrich-Lutzmann-Ring 1
65423 Rüsselsheim am Main
T +49 (0) 61 42 / 77 43 28
E yasmine.schritt@opel.com
W www.opel.de

Nachhaltigkeit lohnt sich und ist Ausdruck unternehmerischer Verantwortung

Das Bewusstsein für Nachhaltigkeit ist bei P&G tief in den täglichen Geschäftsabläufen verankert. Der Grund dafür ist recht pragmatisch: Es lohnt sich – und zwar aus vielerlei Gründen. Zum einen wissen wir, dass die Verbraucher zunehmend Wert auf ein hohes Maß an Nachhaltigkeit legen. Wir setzen daher alles daran, echte Werte für Verbraucher zu schaffen, indem wir Produkte anbieten, die geschätzt werden und halten, was sie versprechen. Neben technologischen Spitzenleistungen schließt das ein, verantwortungsvoll mit natürlichen Ressourcen umzugehen und Einsparungen beim Verbrauch natürlicher Ressourcen zu realisieren, wo immer es möglich ist.

Die Erfahrung zeigt: Nachhaltiges Wirtschaften und Handeln wirken sinnstiftend (insbesondere für die Mitarbeiter) und schaffen Vertrauen (bei den Kunden und Verbrauchern). Unternehmen, die Nachhaltigkeit ernst nehmen – und nicht als Kostenblock betrachten oder sie auf die Rolle als reines Marketinginstrument reduzieren –, haben die Chance, ihre Marken zu stärken.

Vor diesem Hintergrund betrachtet P&G Nachhaltigkeit als aktives und facettenreiches Element seiner Wertschöpfung. Dabei umfasst das Nachhaltigkeitsverständnis nicht nur eine ökologische Dimension, sondern auch soziale Komponenten, wie etwa unmittelbare Hilfe für von Katastrophen betroffene oder bedürftige Menschen.

Etappenziele bis 2020

Um zu unterstreichen, dass wir zu unserer unternehmerischen Verantwortung stehen, und um dies auch für Dritte nachvollziehbar zu machen, haben wir uns im Jahr 2010 klar definierte Etappenziele bis zum Jahr 2020 gesetzt. Diesen durchaus ambitionierten Zielen nähern wir uns schrittweise an. Im Kern unserer langfristigen Nachhaltigkeitsvision steht etwa, eines Tages alle P&G-Produkte und -Verpackungen auf Basis nachwachsender oder wiederverwertbarer Materialien herzustellen. P&G-Produktionsstätten sollen dann mit 100 Prozent erneuerbarer Energie betrieben werden, und es soll kein Herstellungs- oder Verbrauchsabfall für Mülldeponien anfallen. Im Jahr 2014 haben wir die im Jahre 2010 definierten Ziele um vier zusätzliche Zielsetzungen erweitert.

Über die uns selbst gesteckten Zielvorgaben und die erreichten Fortschritte berichten wir ausführlich und transparent in einem jährlich erscheinenden Nachhaltigkeitsbericht. Die damit verbundene Offenheit sorgt für eine Verstetigung aller Anstrengungen zur Nachhaltigkeit über die reine Projektarbeit hinaus. Gleichzeitig motiviert uns dies voranzukommen.

Am Beispiel Pampers lässt sich zeigen, wie sich P&G in der Produktion und durch soziales Engagement für Nachhaltigkeit engagiert. Ein kurzer Überblick:

- Zukunftsweisendes Produktdesign spart Ressourcen: Seit 1994 gelang es P&G, das Gewicht der hergestellten Windeln zu halbieren – bei gleichbleibend hoher Qualität der Produkte.
- Ökologie und die Herstellung industrieller Massenware sind bei P&G kein Widerspruch: Von 2006 bis 2013 wurden bei Pampers durch verbesserte Prozesse 28 Prozent der CO_2-Emissionen eingespart. Der Wasserverbrauch wurde um 18 Prozent, der Energiebedarf um 8 Prozent gesenkt.
- Innovative Verpackungen schonen weltweit Ressourcen: Durch verbessertes Produktdesign und neue Technologien setzt P&G bei Pampers heute im Vergleich zu 1994 70 Prozent weniger Verpackungsmaterial ein.
- Smarte Transportverpackungen helfen, die CO_2-Emissionen zu verringern: Allein aufgrund

Procter & Gamble

Gründung:	1837 in den USA, 1960 in Deutschland
Branche:	Konsumgüter
Umsatz 2013/14:	83,1 Mrd. US-Dollar
Mitarbeiter:	ca. 118.000 weltweit

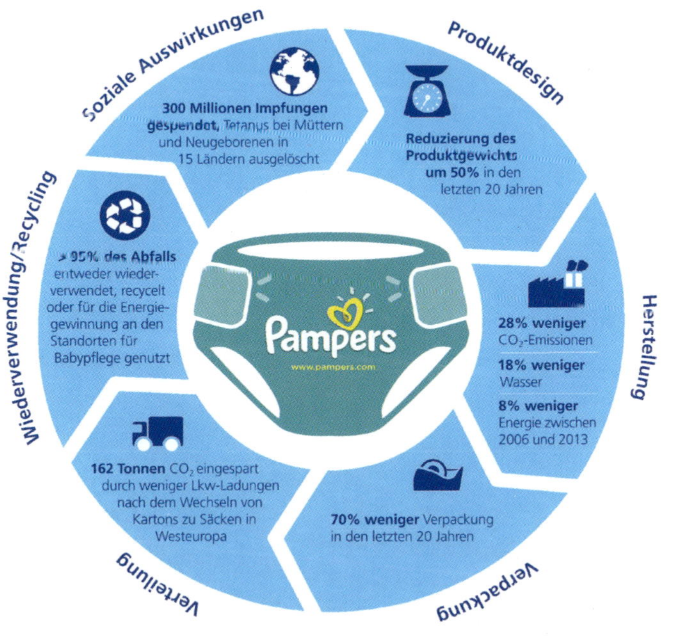

Nachhaltigkeit im gesamten Produktlebenszyklus

Nachhaltigkeit ist in allen Aspekten unserer Produkte zu finden, vom anfänglichen Design über die Herstellung bis hin zur Verpackung und den sozialen Auswirkungen.

Procter & Gamble setzt auf nachhaltige Produktion.

des Umstiegs von Kartons auf Folienverpackungen konnten in Westeuropa weniger Lkw eingesetzt werden. Damit haben wir dafür gesorgt, dass 162 Tonnen CO_2-Emissionen wegfallen.

- Bei der Herstellung muss kein Müll anfallen: 95 Prozent aller Abfälle, die bei der Herstellung von Pampers entstehen, werden recycelt, wiederverwertet oder zur Energiegewinnung verwendet.
- Pampers ist Vorreiter für wirksames soziales Engagement: Mit 300 Millionen durch P&G finanzierte Tetanus-Impfungen konnte in 15 Ländern die Infektionsrate bei Neugeborenen und Müttern auf null gesenkt werden.

Wie die Beispiele zeigen, arbeiten wir daran, neue Maßstäbe auf allen Ebenen nachhaltiger Produktion zu setzen – auch um dazu beizutragen, andere Unternehmen von der Sinnhaftigkeit dieses Weges zu überzeugen.

Abschied vom Abfall: Deutschland als Vorreiter

Produzieren, ohne dass Müll entsteht – vor allem unter globaler Perspektive ein ehrgeiziges Ziel. 2007 war es noch eine Vision, alle P&G-Produkte so zu produzieren, dass bei der Herstellung kein Deponiemüll anfällt. In den vergangenen sieben Jahren haben wir große Fortschritte erzielt. In nahezu der Hälfte aller weltweiten Produktionsbetriebe wurde das Ziel bereits erreicht – hier fällt kein Deponiemüll mehr an. In Deutschland trifft das bereits auf alle P&G-Fabriken zu. Insgesamt wurden 2014 weltweit von allen für die Herstellung verwendeten Materialien bei P&G nur noch 0,4 Prozent auf Deponien entsorgt. 99,6 Prozent der Ressourcen wurden recycelt, wiederverwertet oder zur Energiegewinnung genutzt.

Zukunftsthema: Nachhaltige Lieferketten

Lieferkettenmanagement ist für weltweit tätige Unternehmen mit vielen verschiedenen Produkten und

Produktionsabläufen ein zentrales operatives Thema, bei dem der Nachhaltigkeit in Zukunft eine wachsende Bedeutung zukommt. Verbraucher informieren sich heute nicht nur über die speziellen Eigenschaften eines Produkts, sie informieren sich mehr und mehr auch darüber, wie Produkte und Vorprodukte hergestellt werden. Daher achtet P&G beim Einkauf von Rohmaterialien auf die Nachhaltigkeit der Zulieferkette. Zellstoff für unsere Babywindeln stammt z.B. nur aus nachhaltig bewirtschafteten Wäldern. Unsere Zulieferer müssen durch Zertifizierung (z.B. FSC, PEFC u.Ä.) nachweisen, dass sie sich zu einer nachhaltigen Forstwirtschaft verpflichten. Diese Zertifizierung beinhaltet Standards und Kriterien für die Aufforstung, den Schutz der Biodiversität, den Gewässer- und Bodenschutz u.v.m. Erst kürzlich wurde P&G als eines von nur sieben Unternehmen auf der sogenannten Forest-500-Liste mit der maximalen Punktzahl für seine Anstrengungen zur Verhinderung der Abholzung von Regenwäldern ausgezeichnet.

„Nachhaltigkeits-Scorecard" wurde als Open-Source-Dokument für andere Firmen freigegeben

Die von P&G gemeinsam mit Zulieferern entwickelte „Nachhaltigkeits-Scorecard" ist ein zentraler Baustein unserer nachhaltigen Zulieferkette. Durch die Förderung von Material- und Energieeffizienz sichern wir eine zunehmende Ressourcenschonung ab. Der Berechnungsansatz ist Ökobilanz-basiert und verankert wissenschaftliche Kriterien bei der Ermittlung und Bewertung von Energieverbrauch, Wasserverbrauch, Treibhausgasemissionen und Abfallmanagement. P&G hat die Scorecard und die dahinterliegenden Algorithmen als Open-Source-Dokument für andere Firmen freigegeben, um Nachhaltigkeit auch über die Beschaffungsketten bei P&G-Produkten hinaus zu fördern. Wir verstehen das ebenfalls als Teil unserer gesellschaftlichen Verantwortung. ▪

AUF EINEN BLICK

- Das Bewusstsein für Nachhaltigkeit ist bei P&G tief in den täglichen Geschäftsabläufen verankert.
- Unternehmen, die Nachhaltigkeit ernst nehmen – und nicht als Kostenblock betrachten oder sie auf die Rolle als reines Marketinginstrument reduzieren –, haben die Chance, ihre Marken zu stärken.
- P&G wurde auf der Forest-500-Liste mit der maximalen Punktzahl für seine Anstrengungen zur Verhinderung der Abholzung von Regenwäldern ausgezeichnet.
- Lieferkettenmanagement ist für weltweit tätige Unternehmen mit vielen verschiedenen Produkten und Produktionsabläufen ein zentrales operatives Thema, bei dem der Nachhaltigkeit in Zukunft eine wachsende Bedeutung zukommt.
- Über die uns selbst gesteckten Zielvorgaben und die erreichten Fortschritte berichten wir ausführlich und transparent in einem jährlich erscheinenden Nachhaltigkeitsbericht.

Kontakt

Procter & Gamble
Unternehmensgruppe D-A-CH
Gabriele Hässig
Leiterin Unternehmenskommunikation
Sulzbacher Straße 40–50
65824 Schwalbach am Taunus
T +49 (0) 61 96 / 89 66 47
E unternehmensinfo.im@pg.com
W www.de.pg.com
www.twitter.com/PGDeutschland

Die Entwicklung von Corporate Social Responsibility bei UPS

Den ersten Nachhaltigkeitsbericht veröffentlichte UPS bereits 2003 als Vorreiter der Branche. Der aktuelle Bericht orientiert sich erstmals an den „Umfassenden Anforderungen" der GRI-4-Richtlinien der Global Reporting Initiative (GRI). Die Nachhaltigkeitsbemühungen sind vor allem im Automobilbereich ein Innovationstreiber. Dabei erprobt UPS alternative Antriebsmöglichkeiten und optimiert seine Routen.

Nach wie vor werden in der Logistik primär fossile Brennstoffe für den Transport sowie für die Lager- und Umschlagsprozesse genutzt. Um den Anstieg der Treibhausgaskonzentration in der Atmosphäre zu verringern, müssen alle Bereiche der Wirtschaft einen Beitrag leisten, so auch der Verkehrssektor. Logistische Prozesse sind folgerichtig Teil der Debatte, wenn es darum geht, Treibhausgasemissionen zu reduzieren. UPS hat hier schon früh Handlungsbedarf gesehen und seit längerer Zeit Strategien und Aktivitäten im ökologischen und sozialen Bereich entwickelt. Im jährlich erscheinenden Nachhaltigkeitsbericht präsentiert UPS die für das Unternehmen relevanten sozialen und ökologischen Standards und Entwicklungen und gibt Auskunft über die Ziele, Maßnahmen und Resultate dieser beiden Dimensionen.

Nachhaltigkeit bei UPS – der soziale Bereich

Der sozialen Komponente von Corporate Social Responsibility (CSR) bei UPS wird traditionell eine große Bedeutung beigemessen. Das gesellschaftliche Engagement des Unternehmens ist ein fester Bestandteil der Unternehmensphilosophie und wurde bereits 1951 mit der Gründung der UPS Foundation dauerhaft manifestiert. Exemplarisch sei hier die von der Stiftung ausgearbeitete „UPS Road Code Initiative" erwähnt. Langjährige Berufserfahrung im Straßenverkehr wird in diesem Programm mittlerweile auf drei Kontinenten an Fahranfänger weitergegeben.

Ökologische Nachhaltigkeit bei UPS – messen, berichten und verbessern

Die Bedeutung des ökologischen Aspekts ist in den vergangenen Jahren stark gewachsen. Dies wird auch an der Entwicklung der Nachhaltigkeitsberichte ersichtlich. Bereits 2003 veröffentlichte UPS seinen ersten Nachhaltigkeitsbericht und damit den ersten der Branche. Im Jahr 2008 begann UPS, die Berichterstattung nach den umfassenden, globalen Scopes 1, 2 und 3 zu differenzieren. Heute ist UPS eines der wenigen Unternehmen, das ununterbrochen und auf Basis der Global Reporting Initiative (GRI) berichtet. In seinem jüngsten Nachhaltigkeitsbericht orientiert sich UPS an den aktuellen GRI-4-Richtlinien und berichtet erstmals nach den hierfür definierten „Umfassenden Anforderungen“. Seit 2011 werden die Berichte durch externe Gutachter von Deloitte & Touche auf ihren Inhalt überprüft und von der Société Général de Surveillance (SGS) auf die Übereinstimmung mit den Richtlinien verifiziert.

Neben dem Dialog mit internen Stakeholdern besteht auch ein reger Austausch mit externen Fachleuten. Im Zuge der Einführung der Wesentlichkeitsanalyse 2011 („Materiality Matrix“; siehe Abbildung) wurden die für das Unternehmen bedeutenden Nachhaltigkeitsthemen systematisch ermittelt. Für die Koopera-

United Parcel Service

Gründung:	1907
Branche:	Transport & Logistik
Umsatz 2014:	58,2 Mrd. US-Dollar weltweit
Mitarbeiter:	18.000 in Deutschland

Die Wesentlichkeitsanalyse von UPS spiegelt die für das Unternehmen bedeutenden Nachhaltigkeitsthemen wider.

Der Antrieb des innovativen Lastenfahrrads „UPS Cargo Cruiser" wird elektrisch unterstützt.

tion ist zum Beispiel das World Resources Institute (WRI) zu nennen. Auf europäischer Ebene arbeitet UPS mit Green Freight Europe (GFE) zusammen.

Nachhaltigkeitsimpulse für den Transportsektor

Ein Schwerpunkt der ökologischen Nachhaltigkeitsbemühungen liegt im Automobilbereich. Die Liste der verschiedenen Antriebsarten bei Fahrzeugen, die UPS bis heute erprobt und zum Einsatz bringt, ist sehr umfangreich. 1930 setzte das Unternehmen zum ersten Mal E-Fahrzeuge in New York ein. In den achtziger und neunziger Jahren begann UPS mit dem Test verschiedener Gasantriebsversionen: 1981 Propangas, 1985 komprimiertes Erdgas und 1994 Flüssiggas. Ab 1998 beziehungsweise 2003 wurden verschiedene Hybridtechnologien erprobt sowie ab 2003 die Brennstoffzellentechnologie. 2008 wurden dann die ersten elektrisch betriebenen Fahrzeuge in Europa in Betrieb genommen. Seitdem fahren in verschiedenen europäischen Ländern UPS-E-Fahrzeuge zumeist der 7,5-Tonnen-Klasse durch die Innenstädte. In Deutschland sind bereits 34 E-Zustellfahrzeuge im Einsatz, die im Sommer 2014 die Marke von einer Million Kilometern im Alltagseinsatz erreichten. In Europa betrieb UPS Ende 2014 insgesamt 73 E-Transporter.

UPS bringt diese Technologien nicht nur zum Einsatz, sondern testet alternative Fahrzeugantriebe und nennt sie daher auch „Rollendes Labor". Mittlerweile besteht die Flotte alternativ betriebener Fahrzeuge aus mehr als 3.600 Fahrzeugen. Seit dem Jahr 2000 haben diese über 500 Millionen Kilometer zurückgelegt, und das Ziel wurde auf 1,6 Milliarden Kilometer bis Ende 2017 festgelegt.

Die Erforschung insbesondere der Elektromobilität ist für UPS ein wichtiges Innovationsfeld. Die Diskussion um die „Letzte Meile" beinhaltet neben der Problematik des steigenden Verkehrsaufkommens in Innenstädten auch immer das Thema Nachhaltigkeit. Eine Lösung sehen Städte und Gemeinden sowie Unternehmen in der Nutzung alternativer Antriebe. So kommen neben E- und Gas-Fahrzeugen auch Lastenfahrräder und sogenannte Cargo-Cruiser – Lastenfahrräder mit elektrischer Unterstützung – im Rahmen von Modellprojekten zum Einsatz.

Im Rahmen des Effizienzclusters LogistikRuhr (Projekt „Green Logistics") hat UPS am zuletzt bedeutendsten deutschen Verbundvorhaben zur Erforschung einer großen Bandbreite von Nachhaltigkeitsaspekten in der Logistik teilgenommen und seine Erfahrungen eingebracht.

Im Luftfahrtbereich begann UPS bereits Anfang der neunziger Jahre, seine weniger treibstoffeffizienten Boeings 727 auszutauschen beziehungsweise umzurüsten. Zur nachhaltigen Reduktion von Treibstoff und Emissionen erhielt die Boeing 767 im Jahr 2013 sogenannte Winglets. Durch diese Neuerung spart UPS jährlich mindestens 22 Millionen Liter Treibstoff und reduziert die CO_2-Emissionen um mehr als 62.000 Tonnen.

Gerade im Luftfrachtverkehr sind aber auch die Lärmemissionen ein entscheidender Umweltfaktor. Die von UPS eingesetzte Luftflotte entspricht sämtlichen Vorgaben des Kapitels IV der Richtlinien der International Civil Aviation Organization (ICAO) zu Lärmemissionen im zivilen Luftverkehr. Spezielle Sinkflugverfahren sind ebenso wie Anflugrouten wichtige Bausteine für einen umweltverträglichen Flugbetrieb. ■

AUF EINEN BLICK

Zukunft Innenstadtlogistik
In Hamburg startete UPS gemeinsam mit der Stadt 2012 ein neues Zustellkonzept für die Innenstadt, die sogenannte Depotlösung. Hierbei wird ein Frachtcontainer an einem festen Standort am Morgen positioniert. Die Auslieferung erfolgt zu Fuß mit Hilfe von Sackkarren, Lastenfahrrädern oder Cargo-Cruisern. Abgeholte Sendungen werden zum Container gebracht, der dann abends abgeholt und zurück in die UPS-Niederlassung transportiert wird.

2015 wurde das Projekt um zwei Jahre verlängert und auf insgesamt vier Containerstandorte ausgeweitet. Auf diese Weise werden Fahrzeugbewegungen in der Innenstadt reduziert, Verkehrsbehinderungen durch das Parken in zweiter Reihe vermieden und folglich Emissionen in den Innenstädten und der Treibstoffverbrauch gesenkt. Im Rahmen des neuen Projekts können je nach Saison sieben bis zehn UPS-Fahrzeuge eingespart werden.

Kontakt

United Parcel Service Deutschland Inc. & Co. OHG
Klaus Stodick
Öffentlichkeitsarbeit
Görlitzer Straße 1
41460 Neuss
T +49 (0) 21 31 / 9 47 27 03
F +49 (0) 21 31 / 9 47 27 41
E kstodick@ups.com
W www.ups.com

Für eine Gesellschaft in Bewegung

Unternehmerische Verantwortung hat bei ZF seit 100 Jahren Tradition. Als Global Player der Automobilindustrie hat der Stiftungskonzern seine Nachhaltigkeitsaktivitäten professionalisiert, institutionalisiert – und das Ziel einer nachhaltigen Entwicklung in alle Geschäftsprozesse integriert.

Viel mehr als ein Fortbewegungsmittel: Unter anderem mit Fahrrädern für einen leichteren Schulweg unterstützt ZF 100 Schulen weltweit.

2015 ist für ZF ein besonderes Jahr – und das nicht nur, weil der Konzern durch den Kauf des US-Unternehmens TRW Automotive zu einem der drei größten Automobilzulieferer der Welt aufsteigt. Am 9. September 2015 feiert das Unternehmen seinen hundertsten Geburtstag.

Passend zum Jubiläumsjahr hat ZF ein ganz besonderes Projekt angestoßen. Unter dem Motto „100 Jahre – 100 Schulen" werden in diesem Jahr Spenden für Bildungsprojekte in Armutsregionen gesammelt, um Schulen damit zu bauen, die Qualität des Unterrichts zu verbessern – und Kindern und Jugendlichen mit Hilfe von Fahrrädern ganz praktisch ermöglichen, überhaupt eine Schule zu erreichen. Schließlich hat ein Drittel der Kinder, die eine Schule besuchen, einen Schulweg von über zwei Stunden. Mobilität ist manchmal eben viel mehr als Fortbewegung. Nämlich ein Schlüssel für Bildung.

Sieben Million Euro wurden so bisher in Spendenprojekte investiert, immer gemäß der Frage: „Was ist wirklich nachhaltig?" und getreu der Devise „Hilfe zur Selbsthilfe". Anlässlich des Konzernjubiläums 2015 ist erstmals auch die Bevölkerung eingeladen, zu spenden – und alle der über 71.000 Mitarbeiter an den ZF-Standorten in 26 Ländern.

Mehrwert für Mitarbeiter, Umwelt und Gesellschaft

Soziale Verantwortung ist buchstäblich in der DNA des Konzerns festgeschrieben, seit 1915 am Bodensee die Zahnradfabrik GmbH gegründet wurde, um für Ferdinand Graf Zeppelins Luftschiffe Zahnräder und Getriebe zu bauen. Die von Zeppelin gewählte Konstruktion als Stiftungsunternehmen sorgt heute dafür, dass die Konzerndividenden gemeinnützigen Zwecken zugutekommen.

ZF Friedrichshafen

Gründung:	1915
Branche:	Automobilzulieferer
Umsatz 2014:	18,4 Mrd. Euro
Mitarbeiter:	41.200 in Deutschland, 71.400 weltweit

Das gesellschaftliche Engagement ist indes zwar ein wichtiger, aber eben nur ein Bestandteil der Nachhaltigkeitsaktivitäten des Konzerns. ZF will Mehrwert schaffen – für Kunden, aber auch für Mitarbeiter, Umwelt und Gesellschaft – und so ein Wachstum im Einklang mit seinem Umfeld schaffen. Diese Aktivitäten hat der Konzern in den vergangenen Jahren professionalisiert, institutionalisiert und in alle Geschäftsbeziehungen integriert.

Auf institutioneller Ebene obliegt die Gesamtverantwortung dafür dem Vorstand, der die konzernweit geltenden Richtlinien und Standards beschließt. Die Empfehlungen dazu erarbeitet ein vierteljährlich tagender Lenkungskreis, der vom Vorstand Governance geleitet wird.

Im Zentrum: Mitarbeiter und Ressourcen

Drei Themenfelder zeigen exemplarisch, welche Fortschritte ZF dabei in den vergangenen Jahren erzielt hat. So hat sich der Konzern im Rahmen der Personalstrategie „ZF 2025" dazu verpflichtet, die Beschäftigungsfähigkeit der Mitarbeiter zu sichern und so den demographischen Wandel zu meistern. So wurden zwei Montagebänder in der Getriebeproduktion unter neuesten arbeitswissenschaftlichen Erkenntnis-

Ein offenes Haus: Mit der neuen Konzernzentrale sucht ZF den Dialog.

sen altersgerecht umgebaut. Das Projekt „M3" wurde 2014 mit dem „Demografie Exzellenz Award Baden-Württemberg" ausgezeichnet. Maßnahmen zur besseren Vereinbarkeit von Beruf und Familie – von flexiblen Arbeitszeiten über Möglichkeiten des mobilen Arbeitens bis zur im Bau befindlichen Betriebskita – unterstreichen das Ziel, ein fairer, verlässlicher und weltweit attraktiver Arbeitgeber zu sein.

Im Zentrum des Umweltschutzes steht der verantwortungsbewusste Umgang mit Ressourcen. So hat ZF seit 1996 eine weltweite Umweltorganisation auf- und ausgebaut. Sie umfasst alle Ebenen über die Divisionen und Regionen bis zu den 113 Produktionsgesellschaften. Schon seit 1995 zeichnet ein interner Preis besondere Leistungen im Umweltschutz aus. 2013 fiel die Wahl auf das Projekt „Green Plant" am chinesischen Standort Shiyan, der nach den neuesten Umwelt-, Kosten- und Gesundheitsaspekten saniert worden ist.

Auch das Thema Compliance ist fest verankert: Seit 2008 verfügt ZF über einen Chief Compliance Officer und hat mit der Implementierung eines weltweiten Compliance-Managementsystems begonnen. Im Verhaltenskodex sind für alle Mitarbeiter weltweit verbindlich die Grundsätze der Geschäftstätigkeit festgelegt. Die Maßstäbe, die ZF sich selbst setzt, gelten auch für Geschäftspartner. Diese Erwartungshaltung wurde 2014 in den „Business Partners Principles" festgelegt. Wie ernst es der Konzern mit der Aufdeckung von Compliance-Verstößen meint, unterstreicht auch die Einrichtung der „ZF Trustline", über die Lieferanten etwaiges Fehlverhalten von ZF-Mitarbeitern vertraulich melden können. Mit dem Beitritt zum UN Global Compact 2012 hat ZF ein weiteres klares Bekenntnis zugunsten von Umweltschutz und Korruptionsbekämpfung, Menschenrechten und Arbeitsnormen abgelegt. Last, but not least ist der Konzern im Dezember 2014 der Charta der Vielfalt beigetreten.

Mit Effizienz und Offenheit

Wie sieht der Beitrag von ZF für eine nachhaltige Zukunft in den kommenden Jahren aus? Dazu hat der

Konzern 2014 im Rahmen einer Wesentlichkeitsanalyse zentrale Handlungsfelder definiert: einerseits den sparsamen Umgang mit CO_2 und Wasser, die weitere Verbesserung der Energie- und Ressourceneffizienz sowie die Reduktion der Umweltauswirkungen von Produkten und des Transports; andererseits den Gesundheitsschutz, die Optimierung der Produkt- und Arbeitssicherheit sowie die Arbeitgeberattraktivität.

Der Hauptbeitrag wird auch in den kommenden Jahrzehnten sicher in den technologischen Innovationen bestehen, für die ZF steht. ZF-Produkte in Automobilen und Nutzfahrzeugen senken den Kraftstoffverbrauch und die Emissionen – etwa im neuen 9HP-Automatgeriebe, das den Verbrauch gegenüber einem herkömmlichen 6-Gang-Getriebe um 16 Prozent reduziert, oder bei der Elektrifizierung des Antriebsstrangs, für die ZF alle Ideen und Konzepte mitbringt. Der Anspruch, der sich hinter dem Leitsatz „Motion and Mobility" verbirgt, geht jedoch über das Kerngeschäft hinaus. Wie sieht die ferne Zukunft aus? Wie können wir für unsere Kunden künftig Mehrwert schaffen? Und wie die Stadt von morgen noch lebenswerter machen? Mit solchen Fragen beschäftigt sich die jüngst gegründete ZF Denkfabrik, die Trends, Technologien und Zukunftsthemen aufspüren und in die relevanten Bereiche des Konzerns transportieren will.

Dass ZF darüber hinaus mehr denn je den Dialog mit seinen Stakeholdern suchen will, ist nirgendwo besser zu sehen als auf einer Baustelle in Friedrichshafen. Hier, unweit des Gründungsorts vor einem Jahrhundert, entsteht bis Ende 2015 die neue Konzernzentrale: das ZF Forum. Angefangen vom öffentlich zugänglichen Foyer-, Veranstaltungs- und Ausstellungsbereich bis hin zum neuen Schülerforschungszentrum versteht es sich als Treffpunkt für Kunden, Mitarbeiter und Bürger. Ein offenes, bewegendes Haus – für eine Gesellschaft in Bewegung. ■

AUF EINEN BLICK

Nachhaltigkeit bei ZF

- **Unternehmensführung**
  Wachstum im Einklang mit der Gesellschaft auf Basis von fünf Werten: Identität, Verantwortung, Werte, Kultur, Vision
- **Produktverantwortung**
  Innovationen von ZF verbessern die Mobilität, reduzieren Emissionen und schonen Ressourcen.
- **Fokus auf Mitarbeiter**
  Verankerung von Unternehmensleitlinien und Grundsätzen sozialer Verantwortung (2011), Beitritt zur Charta der Vielfalt (2014), Personalstrategie „ZF 2025", Auszeichnung mit dem „Demografie Exzellenz Award Baden-Württemberg" (2014)
- **Umweltschutz**
  interner Preis für besondere Leistungen im Umweltschutz (seit 1995), Auf- und Ausbau einer weltweiten Umweltorganisation (seit 1996)
- **Compliance**
  Ernennung eines Chief Compliance Officers und Implementierung eines weltweiten Compliance-Managementsystems (2008), Beitritt zum UN Global Compact (2012), Einrichtung der „ZF Trustline" (2013), Formulierung der Business Partners Principles (2014)
- **Gesellschaftliche Verantwortung**
  Konzerndividenden kommen sozialen Zwecken zugute und vielfältigen Projekten, u.a. „ZF hilft"

Kontakt

ZF Friedrichshafen AG
Graf-von-Soden Platz 1
88046 Friedrichshafen
W www.zf.com

Christine Betz
Compliance and Sustainability ZF Group
T +49 (0) 75 41 / 77 - 76 97
F +49 (0) 75 41 / 77 - 90 76 97
E christine.betz@zf.com

Susanne Obert
Demografiemanagement & ZF hilft
T +49 (0) 75 41 / 77 - 48 19
F +49 (0) 75 41 / 77 - 90 48 19
E susanne.obert@zf.com

CORPORATE RESPONSIBILITY

BERATUNG UND UNTERSTÜTZUNG FÜR DIE PRAXIS

Trend zum Integrated Reporting – ein Umsetzungsleitfaden für die Praxis

Die Verzahnung der traditionellen Finanzberichterstattung mit dem CSR-Reporting wird in absehbarer Zeit zum guten Ton in der externen Unternehmenskommunikation gehören. Zahlreiche Unternehmen weltweit veröffentlichen bereits integrierte Berichte, und auch in Deutschland ist dieser Trend klar zu erkennen. Häufig stoßen die Unternehmen bei der Umsetzung aber schnell an ihre Grenzen, weil sie Änderungen vor allem in ihrem Geschäftsbericht vornehmen. Tatsächlich steckt jedoch viel mehr hinter der Integrated-Reporting-Bewegung: Es geht um stakeholderorientierte Geschäftsmodelle und Strategien sowie deren Steuerung. PwC hat hierzu einen Umsetzungsleitfaden entwickelt.

Im Laufe der vergangenen Jahre sind die Anforderungen an die Berichterstattung von Unternehmen stetig gewachsen. Hierzu beigetragen hat die weitverbreitete Erkenntnis, dass der langfristige Unternehmenserfolg in hohem Maße auch von nichtfinanziellen Faktoren abhängig ist, die Berichterstattung hierüber aber weder einheitlich noch integriert erfolgt. Isolierte Finanz- und Nachhaltigkeitsberichte gewähren keinen ganzheitlichen Einblick in die Fähigkeit der Unternehmen, Wert zu schaffen.

Neue Rahmenbedingungen für die Berichterstattung

Eine besondere Rolle in dieser Debatte nimmt seit fast fünf Jahren der International Integrated Reporting Council (IIRC) ein. Dieses international anerkannte Gremium hat inzwischen ein Rahmenwerk für Integrated Reporting veröffentlicht, das mit Hilfe von Leitlinien und Inhaltselementen die Anforderungen konkretisiert. Die Berichterstattung soll entlang der strategischen Ziele des Unternehmens erfolgen und ökonomische, ökologische sowie soziale Faktoren in einen Zusammenhang bringen. Dazu gehört beispielsweise auch eine zum Finanzkapital gleichberechtigte Berichterstattung über Humankapital, Beziehungskapital und Naturkapital.

Praxistest zeigt Fortschritte

Seit 2012 analysiert PwC jedes Jahr die DAX-30-Geschäftsberichte im Hinblick auf deren Umsetzungsstand des Integrated Reporting (www.pwc.de/ir-benchmark). Die Ergebnisse der aktuellen Analyse zeigen eine deutliche Verbesserung der Berichtsqualität im Vergleich zum Vorjahr, teilweise bedingt durch regulatorische Anpassungen, wie z.B. die Änderung des Standards zum Konzernlagebericht, teilweise bedingt durch die zunehmende Orientierung am IIRC-Rahmenwerk. Allerdings legen die Entwicklungspotentiale offen, was immer noch fehlt: eine fundierte Erläuterung des Geschäftsmodells, der strategischen Ausrichtung und der Zukunftsfähigkeit des Unternehmens. Insbesondere fällt auf, dass Unternehmen mit einer relativ hohen Berichtsqualität es nicht schaffen, weitere Verbesserungen zu erzielen. Trotz der Bemühungen erfüllen auch die Besten immer noch nicht die umfassenden Anforderungen an ein Integrated Reporting. Sie sind an einem entscheidenden Punkt angekommen und müssen die Frage beantworten, ob Integrated Reporting im Unternehmen nur über den Bericht gelöst werden kann oder auch Auswirkungen auf die Unternehmenssteuerung hat.

Der Integrated-Reporting-Leitfaden von PwC

Stakeholder Engagement	Strategy Refinement	Process Alignment	Integrated Dashboard	Integrated Reporting
Beobachten Sie Ihr externes Unternehmensumfeld und binden Sie Ihre Stakeholder ein: 1. Haben Sie Ihre Stakeholder identifiziert und priorisiert? Wie binden Sie die Stakeholder ein? 2. Haben Sie Geschäftschancen und -risiken berücksichtigt, die aus den Megatrends resultieren? 3. Wie gut können Sie Ihre Wettbewerbsposition im Markt beurteilen? 4. Wie gehen Sie bei der Einschätzung von Wesentlichkeit vor?	Bestimmen Sie den Wertbeitrag für Ihre Stakeholder und erneuern Sie Ihre Strategie: 1. Wie definieren Sie Wert für Ihre Stakeholder? 2. Wie schaffen Sie Wert für Ihre Stakeholder und welchen Wert schaffen die Stakeholder für Ihr Unternehmen? 3. Wie belastbar ist Ihre Strategie aus kurz-, mittel- und langfristiger Perspektive? 4. Müssen Sie Ihre Strategie und Ziele anpassen, um alle wesentlichen Themen angemessen zu berücksichtigen?	Bringen Sie Ihre internen Prozesse in Einklang mit Ihrer Strategie: 1. Welches sind Ihre Werttreiber und in welcher Wechselwirkung stehen diese? 2. Inwiefern sind Ihre Prozesse der Entscheidungsfindung mit Ihren übergeordneten Zielen verknüpft? 3. Welchen Beitrag leisten Unternehmenskultur und Orgnisationsstruktur zur Unterstützung des Wertschaffungsprozesses? 4. Orientieren sich Ihre aktuellen Leistungsindikatoren am Wertschaffungsprozess?	Entwickeln Sie Ihr integriertes Management-Cockpit: 1. Wie haben Sie sichergestellt, dass Ihre internen Informationen den Entscheidungsträgern einen ganzheitlichen Einblick gewähren? 2. Verfügen Sie über die richtigen Daten zur Ermittlung Ihrer Leistungsindikatoren und zur Entscheidungsfindung? 3. Wie beurteilen Sie die Auswirkungen Ihres Unternehmens und inwiefern ist diese Analyse in Ihr Management-Cockpit eingebunden?	Integrieren Sie Ihre Berichterstattung, um den Dialog mit Ihren Investoren zu verbessern: 1. Wie kommunizieren Sie die Wertschaffung Ihres Unternehmens gegenüber Ihren Investoren und anderen Stakeholdern? 2. Haben Sie die Erkenntnisse aus den vorhergehenden Schritten genutzt, um daraus einen Fahrplan für die künftige Verbesserung Ihrer externen Berichterstattung abzuleiten? 3. Ist dieser Fahrplan bereits in Ihrer Organisation als ein kontinuierlicher Verbesserungsprozess eingebettet?

Wesentlichkeitsanalyse → Wertschaffung → Beurteilung der Auswirkung

Quelle: PricewaterhouseCoopers

Integrated Thinking nicht im Unternehmen verankert

Unsere Beobachtungen zeigen, dass sich Unternehmen bei der Umsetzung von Integrated Reporting häufig allein auf den Bericht als Optimierungsobjekt stürzen und diesen umstrukturieren und neue Inhalte hinzufügen. Selten wird Integrated Reporting – wie ursprünglich vom IIRC beabsichtigt – als ein Prozess verstanden, der am Ende aller internen Handlungen und Maßnahmen in einen Bericht mündet. Wer es also ernst meint mit Integrated Reporting muss sicherstellen, dass in seinem Unternehmen integriert gedacht und gesteuert wird. „Integrated Thinking" ist folglich die Voraussetzung für Integrated Reporting und beantwortet folgende zentrale Frage: Wie schafft es mein Unternehmen, heute, morgen und übermorgen Wert zu schaffen? Die Aufgabe des integrierten Berichts als Endprodukt ist es, das Ergebnis dieser internen Erkenntnisse in gefilterter, aber verständlicher Form gegenüber den Shareholdern und Stakeholdern zu erklären.

Von der Theorie zur Praxis

In den Diskussionen mit zahlreichen Unternehmen, die integriert berichten möchten, hat sich als größte Herausforderung die Erarbeitung eines strukturierten internen Vorgehens erwiesen. Um diese Erkenntnisse an die Praxis weiterzugeben, hat PwC einen Integrated-Reporting-Leitfaden entwickelt, der hilft, das theoretische Konstrukt des „Integrated Thinking" greifbar zu machen, und fünf konkrete Schritte zur Umsetzung vorschlägt. Im Mittelpunkt der praxisorientierten Vorgehensweise steht die Beantwortung folgender Fragen: Kenne ich meine Werttreiber? Wie steuere ich meine Werttreiber? Bin ich mir im Klaren darüber, welche Auswirkungen mein Unternehmen auf Ökonomie, Ökologie und Gesellschaft hat?

Wesentlichkeitsanalyse

Zunächst ist eine systematische Analyse des externen Unternehmensumfelds sowie die Einbindung der Shareholder und Stakeholder erforderlich, um die für das Unternehmen wesentlichen Themen herauszuarbeiten. Einbindung im Sinne eines „Stakeholder Engagement" bedeutet aber nicht nur, die häufig divergierenden Interessenlagen aufzunehmen, sondern sich bewusst mit den für die verschiedenen Gruppen wichtigen Themen zu befassen und diese aus Unternehmenssicht zu bewerten und zu priorisieren. Das Ergebnis dieser Überlegungen zeigt sich beispielsweise in einer Wettbewerbsanalyse, einer Risiko- und Chancenmatrix unter Berücksichtigung der sogenannten Megatrends sowie einer Materialitätsmatrix.

Im zweiten Schritt fließen die Erkenntnisse aus der Analyse mit den Stakeholdern in die Überprüfung der strategischen Ausrichtung des Unternehmens ein. Anpassungen in der Unternehmensstrategie sind nur dann erforderlich, wenn sich die bestehende Strategie vor dem Hintergrund der zuvor als wesentlich identifizierten Themen als nicht belastbar erweist. Unter Umständen reichen auch Feinjustierungen in der Strategie aus, um die wesentlichen Themen abzudecken. Ergebnis dieser Überlegung ist eine integrierte Strategie, in der die relevanten Nachhaltigkeitsthemen in die Gesamtunternehmensstrategie eingebettet sind.

Wertschaffung

Im dritten Schritt werden die internen Prozesse in Einklang mit der Unternehmensstrategie gebracht. Auch bei Unternehmen, die bereits eine breite stakeholderbasierte strategische Ausrichtung haben, ist oft zu beobachten, dass keine Verknüpfung der Strategie mit den dazugehörigen Werttreibern und steuerungsrelevanten Leistungsindikatoren erfolgt. Häufig passen die verwendeten Leistungsindikatoren nicht zur strategischen Ausrichtung bzw. eine Anpassung der Strategie erfordert die Einbettung neuer Steuerungskennzahlen in die Unternehmensorganisation. Ebenso ist beispielsweise darauf zu achten, dass sich die Entscheidungsfindung an den richtigen Kennzahlen orientiert und diese dann auch in der Vergütung verankert sind.

Beurteilung der Auswirkungen

Im vierten Schritt erfolgt die Entwicklung eines entscheidungsunterstützenden Management-Cockpits, in dem die Informationen und Erkenntnisse aus den vorhergehenden Schritten gebündelt dargestellt werden. Diese integrierte Methodik ermöglicht einen schnellen und ganzheitlichen Einblick in den aktuellen Stand der Strategieumsetzung und eine Einschätzung der Auswirkungen des Unternehmens.

Im letzten Schritt werden die im integrierten Management-Cockpit enthaltenen Informationen als Grundlage für die Entwicklung eines extern ausgerichteten integrierten Reportings genutzt. Zunächst ist ein Fahrplan zur Optimierung der externen Berichterstattung und Kommunikation gegenüber Investoren und Stakeholdern zu erarbeiten. Zudem ist sicherzustellen, dass dieser Fahrplan als kontinuierlicher Verbesserungsprozess in die Organisation eingebettet wird.

Corporate Responsibility bei PwC

Corporate Responsibility (CR) ist ein wesentlicher Bestandteil des Selbstverständnisses von PwC und erstreckt sich auf die Bereiche Markt, Menschen, Umwelt und Gesellschaft. ■

PricewaterhouseCoopers

Branche:	Wirtschaftsprüfung, Unternehmensberatung
Umsatz 2014:	1,55 Mrd. Euro Gesamtleistung
Mitarbeiter:	9.400 in Deutschland, mehr als 195.000 weltweit

AUF EINEN BLICK

- Wirtschaftsprüfung für Transparenz und Sicherheit
- Beratung zur Umsetzung von Großprojekten wie z.B. Energiewende
- verantwortungsvoller Umgang mit Mitarbeitern und deren bestmögliche Förderung
- Schonung von Ressourcen durch ein umfassendes Umweltmanagement
- Engagement beim Transparency-Check internationaler Organisationen
- umfangreiche Aktivitäten der PwC Stiftung Jugend – Bildung – Kultur
- zahlreiche Studien zu drängenden Fragen unserer Gesellschaft

Kontakt

PricewaterhouseCoopers AG WPG
Friedrich-Ebert-Anlage 35–37
60327 Frankfurt am Main
W www.pwc.de

Nicolette Behncke
Senior Manager
T +49 (0) 69 / 95 85 - 30 80
F +49 (0) 69 / 95 85 - 92 56 52
E nicolette.behncke@de.pwc.com

Armin Slotta
Partner
T +49 (0) 69 / 95 85 - 12 20
F +49 (0) 69 / 95 85 - 92 65 97
E armin.slotta@de.pwc.com

Corporate Responsibility

SERVICE

Deutsche Gesellschaft für Internationale Zusammenarbeit (GIZ) GmbH

Deutsche Gesellschaft für Internationale Zusammenarbeit (GIZ) GmbH
Carsten Schmitz-Hoffmann
Leiter der Geschäftseinheit für
die Zusammenarbeit mit der
Wirtschaft
Postfach 5180
65726 Eschborn
T + 49 (0) 61 96 / 79 - 14 37
E carsten.schmitz-hoffmann@giz.de
W www.giz.de

Deutsche Gesellschaft für Internationale Zusammenarbeit (GIZ) GmbH

Die Deutsche Gesellschaft für Internationale Zusammenarbeit (GIZ) GmbH ist ein weltweit tätiges Bundesunternehmen. Sie wurde am 1. Januar 2011 aus DED, GTZ und InWEnt gegründet. Mehr als 16.500 Beschäftigte arbeiten für die GIZ, davon sind rund 70 Prozent nationales Personal in unseren Einsatzländern.

Seit vielen Jahren arbeitet die GIZ erfolgreich mit der Privatwirtschaft zusammen: Wir beraten Unternehmen zu verantwortlicher Unternehmensführung, fairen und umweltfreundlichen Produktionsstandards, nachhaltigen Wertschöpfungsketten und vielen weiteren Themen. Die Bundesregierung mit unserem Hauptauftraggeber dem Bundesministerium für wirtschaftliche Zusammenarbeit und Entwicklung (BMZ) bietet uns und unseren Kunden dabei Sicherheit und Reputation. Mit unserem Know-how und unseren Netzwerken in mehr als 130 Ländern unterstützen wir Unternehmen, ihre wirtschaftlichen Risiken in etablierten und neuen Märkten zu senken und ihre Marktchancen zu erhöhen. Von unseren Lösungen profitieren jedoch immer auch dauerhaft die Menschen vor Ort.

Deutsches Netzwerk

Geschäftsstelle Deutsches Global Compact Netzwerk
Dr. Jürgen Janssen
c/o Deutsche Gesellschaft für Internationale Zusammenarbeit (GIZ) GmbH
Reichpietschufer 20
10785 Berlin
T +49 (0) 30 / 72 61 - 43 21
F +49 (0) 30 / 72 61 - 42 22 04
E globalcompact@giz.de
W www.globalcompact.de

Deutsches Global Compact Netzwerk (DGCN)

Das Deutsche Global Compact Netzwerk (DGCN) ist ein unabhängiges, offenes und transparentes Multi-Stakeholder-Forum, in dem sich die mittlerweile über 350 deutschen Teilnehmer am UN Global Compact (GC) aus den Sektoren Wirtschaft, Staat und Zivilgesellschaft für die Umsetzung und breite Förderung der zehn Prinzipien des Global Compact und der Ziele der Vereinten Nationen engagieren. Als umsetzungsorientierte Lern- und Dialogplattform stellt das DGCN Informationen und Instrumente zur Verfügung, fördert die Verbreitung guter Beispiele und bietet einen Rahmen für vertrauensvollen Austausch zwischen den Teilnehmern.

Dem Global Compact liegt international und in Deutschland das Prinzip der freiwilligen Selbstverpflichtung zugrunde. Dabei verpflichten sich Unternehmen explizit, universelle Grundregeln, die vielfach im nationalen Recht verankert sind, auch dort zu achten und zu fördern, wo diese nicht oder nicht vollständig umgesetzt werden. Auf dieser Grundlage sollen Unternehmen mit Unterstützung zivilgesellschaftlicher Organisationen, öffentlicher Institutionen und anderer wichtiger Stakeholder zu einer nachhaltigen Entwicklung in Deutschland und weltweit beitragen.

Leuphana Universität Lüneburg
Centre for Sustainability Management (CSM)

Das Centre for Sustainability Management (CSM) der Leuphana Universität Lüneburg ist ein international tätiges Kompetenzzentrum zu Forschung, Lehre, wissenschaftlicher Weiterbildung und Transfer in den Bereichen unternehmerisches Nachhaltigkeitsmanagement, Corporate Social Responsibility (CSR) und Social Entrepreneurship. Am CSM sind die Professur für Nachhaltigkeitsmanagement unter der Leitung von Prof. Dr. Stefan Schaltegger, die Juniorprofessur für Social Entrepreneurship (Jun.-Prof. Dr. Jantje Halberstadt) sowie die Gastprofessur Management der Energiewende unter der Leitung von Prof. Dr. Erik G. Hansen angesiedelt.

Das Centre for Sustainability Management analysiert Ursachen, Strukturen und Prozesse von Umwelt-, Gesellschafts- und Nachhaltigkeitsproblemen anhand von Konzepten und Methoden der unternehmerischen Managementwissenschaften, des Unternehmertums (Entrepreneurship) und der Umweltwissenschaften. Darauf aufbauend entwickelt es integrierte nachhaltige Lösungen für Unternehmen, Wirtschaft und Gesellschaft. Ein Schwerpunkt liegt dabei auf der Verknüpfung der ökologischen, sozialen und ökonomischen Dimensionen des Nachhaltigkeitsmanagement, des Entrepreneurships sowie von Wertschöpfungs- und Liefernetzwerken.

Das Centre for Sustainability Management bietet den weltweit ersten MBA Sustainability Management an.

Leuphana Universität Lüneburg
Prof. Dr. Stefan Schaltegger
Leiter des Centre for Sustainability Management (CSM)
Scharnhorststraße 1, C11.311
21335 Lüneburg
T +49 (0) 41 31 / 6 77 21 80
F +49 (0) 41 31 / 6 77 21 86
E schaltegger@uni.leuphana.de
W www.leuphana.de/csm

accenture
High performance. Delivered.

Accenture GmbH
Alexander Holst
Leiter Sustainability Services
Friedrichstraße 78
10117 Berlin
T +49 (0) 30 / 89 04 74 - 0
E alexander.holst@accenture.com
W www.accenture.de

Accenture Sustainability Services

Accenture Sustainability Services unterstützt Organisationen darin, substantielle Verbesserungen der Leistungsfähigkeit und des Stakeholder-Values zu erreichen. Wir helfen Kunden dabei, ihr Kapital und ihre Fähigkeiten wirksam einzusetzen, um Innovation und profitables Wachstum anzukurbeln und gleichzeitig positive Auswirkungen auf ökonomische, ökologische und soziale Faktoren zu erzielen. Wir arbeiten mit Kunden aus den verschiedensten Branchen daran, Nachhaltigkeitsansätze in ihre Geschäftsstrategien, Geschäftsmodelle und Prozesse zu integrieren. Unser ganzheitlicher Ansatz umfasst Strategie, Design und Umsetzung mit dem Ziel, die Kosten und Risiken für Unternehmen zu senken sowie deren Umsätze und deren Reputation zu steigern.

Auf Basis unserer umfangreichen Praxiserfahrung, unterstützt von entscheidungsrelevanten Studien (u.a. Studien zu Erwartungen der Verbraucher sowie weltweite Einschätzungen von Führungskräften zur Umsetzung von Nachhaltigkeit in Unternehmen), helfen wir Kunden dabei, ein tieferes Verständnis des Themas Nachhaltigkeit im Kontext des Unternehmens zu gewinnen. Besuchen Sie uns unter www.accenture.com/sustainability

h_da
HOCHSCHULE DARMSTADT
UNIVERSITY OF APPLIED SCIENCES

Hochschule Darmstadt (h_da)
Prof. Dr. Lars Rademacher
Studiengangkoordinator Onlinekommunikation
Mediencampus Dieburg
Max-Planck-Straße 2
64807 Dieburg
T +49 (0) 61 51 / 16 - 92 24
E lars.rademacher@h-da.de
W www.mediencampus.h-da.de/ok

Hochschule Darmstadt (h_da)

Die Hochschule Darmstadt (h_da) ist eine der größten Hochschulen für Angewandte Wissenschaften in Deutschland. Über 50 Bachelor-, Diplom- und Masterstudiengänge mit vielfach selbst wählbaren Schwerpunkten bieten beste Berufsaussichten für aktuell gut 15.000 Studierende. Das Spektrum der Studiengänge am Standort Darmstadt und am Mediencampus der h_da in Dieburg reicht von den Ingenieurswissenschaften über Informationstechnologien, Soziale Arbeit, Gesellschaftswissenschaften und Wirtschaft bis hin zu Architektur, Medien und Design. Die angewandte „Forschung und Entwicklung" an der Hochschule Darmstadt bereichert die exzellente Lehre und stärkt die Wirtschaftsunternehmen der Region durch Technologie- und Wissenstransfer.

Im Studiengang Onlinekommunikation (B.Sc.) entwickeln die Studierenden hohe Kompetenz im professionellen Umgang mit Onlinemedien – beginnend mit dem Finden und Nutzen von Angeboten über das Konzipieren und Produzieren von Webinhalten bis hin zur Vermittlung von Onlinekompetenz. Der Studiengang bringt dazu Grundlagen aus Informatik, Informations- und Kommunikationswissenschaft sowie Ökonomie und Mediendidaktik zusammen. Die Studierenden haben die Möglichkeit, sich nach dem Erwerb einer grundlegenden Web-Literacy aus den Gebieten Onlinemarketing, Online-PR und Corporate Learning ein eigenes Qualifikationsprofil zu erarbeiten.

BNU Beratung für Nachhaltige Unternehmensführung

Die BNU berät mittelständische Unternehmen und Konzerne in allen wesentlichen Fragen einer nachhaltigen Unternehmensführung. Im Mittelpunkt steht dabei die Nachhaltigkeitsausrichtung der Geschäftsstrategie sowie deren Implementierung in die unterschiedlichen Funktions- und Geschäftsbereiche.

Hierbei ist besonders der Finance-Bereich zu erwähnen, der zukünftig eine stärkere Rolle in der Gestaltung des Nachhaltigkeitsmanagements spielen wird. Zentrale Frage der CFOs und damit die treibende Kraft für die Nachhaltigkeitsorientierung ihrer Unternehmensstrategie ist, wie sich durch die Berücksichtigung ökologischer und sozialer/gesellschaftlicher Anforderungen die Finanz- und Risikoposition des Unternehmens langfristig verbessern lässt. Hierzu publizierte Dr. Thomas Schulz kürzlich das Herausgeberwerk „CSR und Finance. Beitrag und Rolle des CFO zu einer Nachhaltigen Unternehmensführung".

Dr. Thomas Schulz definiert seine Rolle in Beratungsprojekten als die eines Sparringspartners und Coaches des Topmanagements großer und kleinerer Unternehmen. Sein Kernziel bei der Gestaltung unternehmerischer Lösungen für das Nachhaltigkeitsmanagement ist immer die ökonomische Tragfähigkeit: ... creating the business case!

BNU Beratung für Nachhaltige Unternehmensführung
Dr. Thomas Schulz
c/o Ceros GmbH
Bockenheimer Landstraße 101
60325 Frankfurt am Main
T +49 (0) 69 / 57 07 - 9 70
F +49 (0) 69 / 97 57 07 - 9 71
E schulz@bfnu.de
W www.bfnu.de

promerit
GET THE TALENT TO GROW

Promerit AG
Michael Eger
Partner
Torhaus Westhafen
Speicherstraße 57–59
60327 Frankfurt am Main
T +49 (0) 69 / 50 50 08 - 6 15
F +49 (0) 69 / 50 50 08 - 6 10
E michael.eger@promerit.com
W www.promerit.de

Promerit Gruppe

Die Promerit Gruppe ist eines der erfolgreichsten HR-Beratungsunternehmen in Europa. Unsere Kunden stellen sich dem Wettbewerb um Talente. Sie haben HR-Management als entscheidenden Faktor für künftigen Unternehmenserfolg erkannt. Als spezialisiertes Unternehmen im Bereich integriertes Talentmanagement verfügt Promerit über einen einzigartigen Beratungsansatz zur Entwicklung und Umsetzung moderner und besonders wirksamer Personalkonzepte.

Mit den drei Geschäftsbereichen Management Consulting, Personalberatung und HR + IT Consulting bietet die Promerit Gruppe aus einer Hand alle Leistungen, die Unternehmen im Wettbewerb um Talente benötigen – von der HR-Strategie und dem Employer-Branding über die Einführung von E-Recruiting und Talentmanagementsystemen bis hin zur Suche nach Spezialisten und Führungskräften.

Durch die Kombination aus strategischer Beratung und hoher Umsetzungskompetenz schafft Promerit Lösungen, die auf dem Arbeitsmarkt den entscheidenden Vorsprung verschaffen – um letztendlich die richtigen Menschen zur richtigen Zeit am richtigen Platz zu haben. Zum Nutzen von Unternehmen und Mitarbeitern gleichermaßen.

Mit Beratern, die ihre Sprache sprechen: kompetent, persönlich, verbindlich.

Ansprechpartner

American Chamber of Commerce in Germany e.V.
Nastassja Wohnhas
Charlottenstraße 42
10117 Berlin
T +49 (0) 30 / 28 87 89 28
F +49 (0) 30 / 28 87 89 29
E nwohnhas@amcham.de
W www.amcham.de

FRANKFURT BUSINESS MEDIA GmbH
Der F.A.Z.-Fachverlag
Kai Praum
Frankenallee 68–72
60327 Frankfurt am Main
T +49 (0) 69 / 75 91 12 52
F +49 (0) 69 / 75 91 80 12 52
E kai.praum@frankfurt-bm.com
W www.frankfurt-bm.com
www.verantwortungzukunft.com